电气与电子工程技术丛书

CAMPSO在含分布式电源的配电网运行优化中的应用

程 杉 著

国家自然科学基金项目
电动汽车一体化电站微电网群分层协调调度
策略和优化方法研究
（51607105）

科 学 出 版 社
北 京

内 容 简 介

含分布式电源的配电网多目标优化问题是一类复杂的工程优化问题，其目标空间是一个多维、离散并且不一定为凸的空间，需要有效的多目标优化方法求解，为决策者的决策提供有力支撑。本书探讨综合自适应多目标粒子群优化算法及其在含分布式电源的配电网多目标优化问题中的应用。本书第 1 章为绪论，即工程背景及研究意义和相关研究现状回顾。第 2 章为综合自适应多目标粒子群优化算法及其性能验证。第 3 章至第 5 章为综合自适应多目标粒子群优化算法在含分布式电源的配电网规划与运行多目标优化问题中的应用，包括分布式电源和混合储能的优化配置，以及含分布式电源的配电网无功优化。第 6 章为基于超效率数据包络分析和动态自适应粒子群优化算法的电动汽车充电站多目标规划。

本书可为高等院校电气信息类相关专业师生和电力工程技术人员进行建模研究和优化计算提供相应的指导和参考。

图书在版编目（CIP）数据

CAMPSO 在含分布式电源的配电网运行优化中的应用/程杉著. —北京：科学出版社，2020.6

（电气与电子工程技术丛书）

ISBN 978-7-03-065522-6

Ⅰ. ①C… Ⅱ. ①程… Ⅲ. ①电力系统运行－研究②电力系统规划－研究 Ⅳ. ①TM732②TM715

中国版本图书馆 CIP 数据核字（2020）第 104679 号

责任编辑：吉正霞 常 莉 / 责任校对：高 嵘
责任印制：彭 超 / 封面设计：苏 波

科 学 出 版 社 出版
北京东黄城根北街 16 号
邮政编码：100717
http：//www.sciencep.com
武汉市首壹印务有限公司印刷
科学出版社发行 各地新华书店经销
*
2020 年 6 月第 一 版 开本：787×1092 1/16
2020 年 6 月第一次印刷 印张：8 1/4
字数：208 000

定价：65.00 元

（如有印装质量问题，我社负责调换）

Preface
前　言

含分布式电源的配电网规划与运行是典型的多目标优化问题，而有效的多目标优化算法可以求解出高质量的优化结果，为决策者提供有力的决策支撑。解决含分布式电源的配电网多目标优化问题，最核心的部分是如何构建系统仿真评估模块中具体的多目标优化问题的数学模型并设计具有良好收敛性和多样性的多目标优化算法。

本书从工程出发，围绕含分布式电源的配电网多目标优化问题展开研究，探讨基于群集智能和 Pareto 支配关系的多目标粒子群优化算法，为求解电力系统多目标优化问题构造更具实用价值的优化算法。本书提出的多目标优化算法及其应用，已发表在 IEEE/ACM Transactions on Computational Biology and Bioinformatics、International Journal of Electrical Power & Energy Systems、控制与决策等国内外学术刊物上，主要内容包括以下五个方面。

（1）围绕智能配电网多目标优化问题，研究基于群集智能理论，能解决多任务、多约束、多目标协同优化问题的综合自适应多目标粒子群优化算法。该算法引入随机黑洞机制和动态惯性权重策略以兼顾粒子群的开拓与探索能力，使算法以较高的精度逼近真实的 Pareto 前沿；引入基于细菌群体感应机理的扰动机制和动态选择领导粒子策略以保证种群的多样性；采用逐步淘汰策略提高 Pareto 解的多样性和分布均匀性。

（2）针对分布式电源在配电网规划中的优化配置问题，建立带偏好策略的分布式电源多目标优化配置模型，采用综合自适应多目标粒子群优化算法求解，实现分布式电源容量和位置的全局优化配置，为决策者提供多样化的方案。模型兼顾配电网运行的经济性、可靠性、安全性和分布式电源的环境友好性，同时考虑用户对电压质量和供电可靠性的特殊要求，提出电压偏好策略和供电可靠性策略。

（3）为了以最少的储能设备投资取得最大的风电输出稳定性，构建以混合储能系统安装和运行维护成本最低、风电输出功率合格率最高为目标函数的混合储能系统多目标优化配置模型，采用模糊控制对混合储能系统进行功率分配，以保证储能设备的循环使用寿命，保障混合储能系统 HESS 有充足的可用能量平抑风电输出的波动性。

（4）将能够提供无功功率的分布式电源与传统的无功调节手段相结合，兼顾系统的经济运行、电能质量和无功补偿设备投资与运行成本等多任务要求，研究含分布式电源的配电网多目标无功优化策略，建立含分布式电源的配电网多目标无功优化数学模型，运用综合自适应多目标粒子群优化算法求解配电网多目标无功优化问题，为决策人员提供灵活选择的多样化解决方案。

（5）以电动汽车充电站的多目标优化规划为例，探究超效率数据包络分析法和动态自适应粒子群优化算法在求解多目标优化问题中的应用。

本书涉及的研究工作只是多目标优化计算和分布式电源并网问题研究很小的一部

分，很多含分布式电源、含电动汽车及其充换电站的配电网系统优化问题有待进一步完善和修订。希望本书的出版能对未来智能电网规划和运行优化问题的研究有所启迪和帮助，并能对电力工程技术人员和电气工程专业研究生进行电力系统优化问题建模及计算的研究和学习提供指导。

最后，感谢导师，让我系统地接受科研训练；感谢妻儿，让我能沉心静气、心怀愉悦地工作；感谢研究生的协助和学院的资助，使得本书最终付印。

程　杉

2019 年 9 月 28 日于宜昌翠屏山

Contents

目　录

第1章

绪　论

1.1 工程背景及意义

最优化问题是工程实践和科学研究中主要的问题形式之一，其中，多目标优化问题（multi-objective optimization problem，MOP）是非常常见的，而且其所涉及的目标函数通常是不可比较的（大多数情况下是彼此相互冲突的）。尤其是在当前配电网中，分布式电源（distributed generation，DG）并网规划、含 DG 的配电网重构与无功优化，以及含 DG 的微电网能量管理等是具有挑战性的多目标优化问题。

与传统的火力发电相比，DG 具有投资小、清洁环保、供电可靠和发电方式灵活等优点，近年来越来越受到人们的关注。DG 是指发电功率在几千瓦至 50 MW 的分散的、能独立输出电能的小规模发电系统。分布式发电系统中的发电设施称为分布式电源，一般包括风能、太阳能、潮汐能和生物质能等可再生能源发电机，以及以石化能源为燃料的内燃机、微型燃气轮机等小型发电机。分布式发电与集中发电方式相结合将是电力系统发展的趋势，其并网已被世界许多能源、电力专家公认为是能够节省投资、降低能耗、提高电力系统可靠性和灵活性的主要方式[1-4]。为能够更加适应多种能源类型发电方式的需要，给用户提供更加安全、可靠、清洁、优质的电力供应，以美国和欧盟为代表的多个国家和组织提出建设智能电网并将其视为未来电网的发展方向。由于 90%以上的停电和近一半的损耗发生在配电网，配电网本身也是造成电能质量恶化且影响系统整体性能和效率的薄弱环节，因此，智能配电网在智能电网中具有举足轻重的作用[5]，其研究的目标主要包括配电网安全稳定运行、分布式电源的有效利用、配电网资产的利用率及提高用电的效率和电能质量等[6, 7]。

目前，DG 设备研发、制造和设备自身控制方面具有一些较成熟的技术，但涉及配电网的 DG 规划、并网后的配电网优化运行、协调控制及能量管理等诸多领域的研究大多还处于初始阶段[8]。DG 并网使配电网由一个辐射状网络结构变为一个遍布电源与用户互联的系统，会对系统电压、损耗和可靠性等产生影响，其影响优劣程度与 DG 的安装位置和容量有着密切的关系[2, 8-16]。DG 合理配置可以有效地降低系统有功损耗，改善电压水平，提高系统负荷率等；否则，将严重影响电网的经济性、安全性和可靠性[17]。因此，DG 配置问题是配电网规划阶段的重要课题，将其转化为优化问题进行求解具有较好的应用前景[18]。当 DG 出现在规划方案中的比重增加时，大量的随机性使得系统的复杂度成倍增加，通常需要同时考虑几千个节点。若规划区内出现许多 DG，则采用传统的规划方法去寻找最优网络布置方案将非常困难[19]。

在 DG 技术中，风电和太阳能发电等具有明显的随机性和间歇性的特点，其输出功率存在很大的波动性。大量间歇性 DG 接入配电网后会对区域电网带来显著影响。随着风电、光伏发电等分布式可再生能源发电装机容量的不断增加，为提升配电网对可再生能源的吸纳能力，满足国家对新能源发电并网的标准要求[20]，需要合理配置分布式储能系统以减少间歇性电源（如风电）输出功率波动对电网的影响，改善 DG 并网的电能质

量和稳定性问题[21, 22]。为了取得比较满意的风电输出功率平滑效果，如何确定分布式储能系统的额定功率和额定容量及制定合理的储能系统功率分配策略是需要解决的关键问题。

大量DG的并网运行使得配电网由无源网络变成有源网络，改变了系统的潮流分布，也给配电网的优化运行带来了新问题。配电网运行优化通常包括电压/无功调节和网络重构。重构问题属于非线性组合优化问题，常常存在组合爆炸的问题，对此类问题目前尚没有能够有效求得全局最优解的数学规划算法。DG 并网后，需要保持网络连通，并维持辐射形拓扑结构不变，这进一步增加了问题的求解难度[23]。DG 接入的位置、注入功率的大小及功率因数的变化，都对网络重构方案造成较大的影响。例如，当功率因数由滞后变为超前时，DG 由向系统提供无功功率转变为从系统吸收无功功率，因此，网络重构方案也将随之改变；总出力相同的 DG 集中接入或分散接入，重构结果也可能不同；随着 DG 注入有功功率的增加，系统有功损耗降低，节点电压升高，同样也会影响到重构方案[24]。对于含 DG 的配电网，DG 和配电网都可以进行无功调节，两者之间有很强的互补性[5]。充分发挥各并网 DG 的无功补偿能力，将有效地减少电压波动和设备动作次数，有助于提高配电网的运行水平[25, 26]。因此，在 DG 渗透率逐渐上升的情况下，如何利用并网 DG 的无功补偿能力，与传统的电压调节手段相结合，实现含 DG 的配电网无功优化，也是重要的研究课题[25-27]。配电网无功优化的数学模型较复杂，具有解空间复杂、多约束、多极值和多不确定性等特点[23]，并且目标函数和约束条件均含有非线性方程，其控制变量常混杂有离散变量和连续变量，还往往需要同时考虑多个优化目标，这就使得求解含 DG 的配电网无功优化问题更加困难。

为了最大限度地提高能源利用效率，通常将具有不同特性且相互补充的多种 DG 以微电网的形式整合起来运行。微电网从系统观点看问题，将发电机、负荷、储能装置和控制装置等结合，形成单一可控的单元。微电网中的电源多为分布式电源，包括微型燃气轮机、燃料电池、光伏电池，以及超级电容、飞轮和蓄电池等储能装置。微电网不仅解决了 DG 的大规模接入问题，充分发挥了 DG 的各项优势，还为用户带来了其他多方面的效益[28]。相对于大电网，含 DG 的微电网可视为可控的电源或负荷，根据大电网需求和微电网运行目标，调节与大电网之间的能量交换。如何对这些不同类型的 DG 进行管理，以保证微电网在不同时段都能满足负荷的电能质量要求，确保微电网安全、稳定、经济地运行，是研究含多 DG 的微电网技术的关键问题之一。为此，根据 DG 特性，将不同类型的电源区别对待，运用智能优化算法得到整个微电网的最优化运行点，这就是微电网的能量管理。然而，微电网的网络结构会随着分布式发电单元出力和负荷需求的变化而变化，这对优化算法的实时性要求就比较高，常规的优化算法很难在优化结果与计算速度之间取得一个较好的平衡点[29]。

综上所述，含 DG 的配电网规划与运行优化是智能电网建设的重要组成部分，对于该问题的研究属于电力系统研究领域的热点和前沿，具有重要的理论意义和应用价值。DG 并网规划、含 DG 的配电网重构与无功优化，以及含多类型 DG 的微电网能量管理等归纳为数学优化问题，可通过建立数学优化模型并借助于优化工具求解。但是，由于

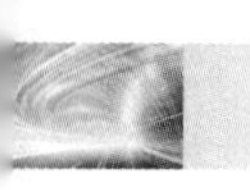

含 DG 的配电网优化问题的特殊性，目前还没有专门的优化算法能够很好地解决这一问题。在大量、复杂、不确定性条件的约束下，如何构建与求解电力系统中提出的各种优化问题，是新能源电力系统面临的重大课题。本书以 DG 在配电网中的优化配置、分布式储能系统优化配置和含 DG 的配电网无功优化为对象，研究含 DG 的配电网多目标优化问题，应用群智能原理、优化理论和算法设计理论，建立基于粒子群算法的多目标协同优化模型及其算法，加强算法的收敛性和多样性，为求解电力工程中复杂的综合多目标优化问题提供实用、有效的方法。

1.2　含 DG 的配电网优化问题

为提高配电网对分布式发电的吸纳能力，以及 DG 并网后配电网运行的安全性、经济性和可靠性，国内外研究人员对 DG 并网后的电力系统规划问题及系统运行安全和可靠性问题等进行了研究。从不同角度看，含 DG 的配电网优化问题可以描述为各种目标不同的优化计算模型，国内外研究人员针对具体的优化问题构建了不同的优化模型，并提出或改进了问题求解方法。DG 并网后配电网规划与优化运行中涉及的优化问题主要包括以下几个方面。

1.2.1　DG 在配电网中的优化配置

为充分发挥 DG 优势及并网的积极作用，DG 接入配电网需要进行合理的规划。按照决策变量类型，DG 并网规划可分为单一规划和综合规划两类[30]。单一规划（本书采用文献[30]中常用说法“DG 优化配置”），即在不改变现有网络馈线和变电站安置配置的情况下，以 DG 的安装位置和容量为决策变量、以单个指标或多个指标为目标函数进行求解；综合规划则是整体规划，即除对 DG 优化配置外，包括对馈线或变电站等设备的规划[30]。目前，国内外的研究集中于单一规划，即 DG 安装位置的选取及额定容量的确定[18]。表 1.1 列出了具有代表性的研究。

表 1.1　分布式发电优化配置研究

类型	文献	目标函数	求解变量	求解方法
单目标函数	[31]	最小化网损	DG 安装位置	卡尔曼（Kalman）滤波法
	[9]、[16]			解析法
	[4]、[12]		DG 安装位置和容量	粒子群优化
	[32]			蜂群算法
	[33]			解析法

续表

类型	文献	目标函数	求解变量	求解方法
单目标函数	[34]	最大化独立发电商收益	DG 安装位置和容量	PGSA 算法
	[35]	最小化 DG 投资与运行费等之和		解析法
	[2]、[3]			遗传算法
	[36]	最小化运行费用	DG 安装位置	拉格朗日（Lagrange）法
	[37]	最大化收益		动态规划
	[38]	最大化 DG 并网容量	DG 安装容量	解析发送
	[39]			线性规划
多目标优化函数通过加权或模糊理论转化为单目标优化函数	[40]	降低网损，提高系统可靠性、电能质量等	DG 类型、安装容量和位置	遗传算法
	[10]	负荷裕量和电力公司收益	DG 安装容量和位置	
	[41]	安装费用、网损和 DG 容量		
	[42]	有功无功损耗和电压偏差等		
	[43]	电压水平和网损等 4 个指标		
	[44]	网损最优，电压质量最优		
	[45]	最小化网损、电压偏差和 DG 安装容量		模拟退火算法
	[46]	主网购电和 DG 投资运行成本		粒子群优化
	[14]	降低网损，改善电压水平，提高电压稳定		综合遗传算法和粒子群算法
	[47]	降低网损，改善电压水平		PSO 和 ICA
	[15]	改善电压、网损和环境指标		解析法等
	[48]	降低网损，改善电压水平等	DG 安装位置	贝尔曼-查德（Bellman-Zadeh）
	[49]	投资效能、运行与维护性能及气体排放等		VIKOP
	[50]	最小化有功和无功损耗及最大电压降等 7 个指标		解析法
多目标优化函数多目标优化方法	[51]	最大化经济效益和环境效益	PV 安装容量和位置等	多目标粒子群优化算法
	[52]	最小化发电成本和污染气体排放	DG 安装容量和位置等	
	[53]	最小化投资、运行和维护费用，最大化系统可靠性	DG 安装容量及主网购电量	
	[1]	从主网购电、DG 安装和运行费用等，技术约束不满意度	DG 安装容量和位置	多目标免疫算法
	[54]	最大化电力公司收益，最小化技术越限风险	DG 安装位置、容量和类型	NSGA-II
	[55]	最小化发点费用，最小化温室气体排放	（不同类型）DG 安装容量	多目标遗传算法

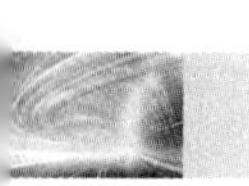

由表 1.1 可见，DG 优化配置问题的初期研究以 DG 的位置或容量之一为求解变量，以网损、DG 投资与运行费用、独立发电商或供电公司的收益、DG 的安装容量、系统可靠性和污染气体排放量等指标为单目标函数；优化方法以解析法、传统的数学规划方法和单目标智能算法为主。为确保 DG 并网被最好利用，关键之一就是在配电网中适宜的位置安装适当容量的 DG。另外，为发挥 DG 接入配电网的积极作用，一个指标并不能有效地作为决策的准则，有必要采用多目标分析的方法同时对技术、经济和环境等方面的因素进行分析[48]。为此，考虑 DG 的安装涉及多方利益，并网后对网络造成多方面的影响，且其影响与选择 DG 的位置和容量密切相关，研究人员将单一目标优化模型扩展到多目标优化模型。但是，对于多目标优化问题的求解却采用了两种不同的方式，即将多目标优化问题通过权重加权[14, 41, 42, 44-46]或模糊理论[10, 40, 48]转化为单目标优化问题后，采用单目标智能算法或多目标优化方法求解。

1.2.2 储能系统优化配置

DG 中的风力发电和光伏发电等都具有不可控性，其功率波动难以预测和控制，合理配置分布式储能系统可以减少间歇式电源（如风电）输出功率波动对电网的影响，能够提高电网运行的安全性和经济性。文献[56]～[61]从理论上和实验上验证了混合储能系统辅之以合适的功率分配策略可以减少蓄电池的充放电次数，更加有效地平抑风机等输出功率的波动。因此，由功率型和能量型储能设备组成的混合储能系统的优化配置和功率分配控制策略引起了人们的关注。混合储能系统通过采用小容量、长寿命和高功率比的功率型储能设备辅助大容量、相对循环次数受限、高相对能量比和低功率比的能量型储能设备，以取得优于单一储能设备的平滑效果和储能设备投资[56]。其中，确定储能系统的配置（各储能设备的额定容量和额定功率）是一个关键问题，储能设备配置情况不但直接影响储能系统的投资、运行维护费用及混合储能系统的推广和应用，而且严重影响混合储能系统对间歇式 DG 输出功率的补偿效果。因此，配置混合储能系统并对其进行优化配置成为建设具有随机性和间歇性特点分布式发电系统的关键步骤[22]。

为了对混合储能系统的储能设备进行功率分配，多时滞调节控制策略[59]、考虑储能设备荷电状态的模糊控制策略[56, 57, 60]和神经网络策略[62]等控制策略被提出，并用于储能系统对风电等输出功率的补偿。为了优化配置混合储能系统，文献[22]以实验的方法，根据风机连续 3 个月的运行数据，提出了一种配置大规模储能系统的方案，初步优化了储能系统的容量，而且指出了储能系统的输出功率限制和容量限制对平滑结果均有明显的影响；文献[63]研究了储能设备的容量和最大充放电功率对平滑效果的影响，初步探讨了针对风力发电如何确定储能设备的参数，但文中仅从平滑风电功率波动和平滑系统功率波动两个角度考虑，未计及储能装置的初始投资和运行维护费用等问题；文献[61]则建立了针对蓄电池-超级电容器混合储能系统的容量优化模型，该模型以混合储能系统一次性投资最少、全年运行成本最低和综合费用最少为目标函数，采用遗传算法求解

风光互补发电系统中储能系统的容量组合；文献[56]则认为通过储能系统使风电输出功率完全可控既不经济也不现实，因此提出了基于机会约束规划的混合储能配置方法，以装置成本最低为目标、以遗传算法为优化工具求解储能设备的额定容量和额定功率，通过设置不同的置信水平，得到了风电输出功率波动不超过某一区间的置信度与混合储能最佳配置成本之间的关系，为优化配置混合储能时在电能质量和经济性间取得适度折中提供了定量依据。

1.2.3 含DG的配电网络重构、故障恢复和无功优化

配电网运行优化通常包括配电网络重构和无功优化，两者都可以保证电网的安全运行，降低网损，改善电压质量并提高系统运行的经济性，但控制原理有所不同[5, 64]。网络重构应用于系统正常运行和系统故障两种情况下，前者是指在系统正常运行的条件下，根据运行情况切换联络开关和分段开关的开合状态来改变网络的拓扑结构，在馈线与变电站之间转移负荷，从而影响网络中的潮流分布[5, 24, 64]。DG 接入配电网，网络重构方案受到 DG 接入位置、输出功率和功率约束的影响。目前，对于含 DG 的配电网络重构主要以正常运行状态下展开研究，以达到减小网损、消除过载和提高供电质量等单个或多个指标。

文献[65]概述了配电网接入 DG 后的网络重构问题，探讨了含 DG 的配电网络系统损耗分摊问题。文献[66]构造了以分布式发电与变电站电能之和为目标函数的重构模型，并采用PSO算法作为优化工具。文献[67-70]合理利用了DG并网后对配电网的支撑作用，分别以最大化收益、提高供电电压质量[68, 69]和最小化负荷平衡指数为目标函数，建立了含 DG 的配电网络重构模型。其中文献[67]综合考虑了最小化网损和最小化开关操作次数，先将两目标函数转化为最大化收益单目标函数再进行优化求解。文献[71]建立了含DG的配电网络多目标重构模型，模型以配电网有功损耗最小和负荷平衡为目标函数，对两目标函数赋予权重转化为单目标函数后利用量子遗传算法进行求解。文献[72]以提高DG的渗透率为目标函数，采用了改进的粒子群算法求解含 DG 的配电网络重构问题。因为风力、太阳能等可再生资源具有随机性和间歇性，所以配电网络的最优结果也跟着变化，结果是某一时刻的重构方案不是整体较优的结果。因此，文献[24]指出，DG 并网后的配电网络重构，应该结合 DG 的输出预测和系统负荷预测进行综合考虑，确定一定时间段内的重构优化方案。

配电网络重构是配电网运行控制的重要手段，此外，供电恢复也是目前配电自动化中最基本、最重要也是应用最广泛的功能之一。作为恢复控制的重要手段，严格地讲，供电恢复问题是配电网故障情况下的网络重构，即在满足配电网运行约束的前提下，以恢复负荷最大化、开关操作次数最小化和网络运行方式优化等为目标函数，通过网络重构将尽可能多的断电负荷转移到正常供电区域[24]。含 DG 的配电网故障发生后，如果 DG 所在的网络与主网断开，DG 仍然可以向所在网络的负荷供电，这有效地提高了系统可靠性并减少了停电区域，有利于故障恢复[73]。文献[74]将含 DG 的配网供电恢复问

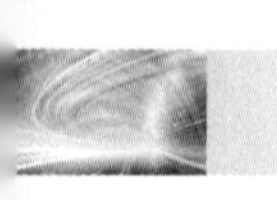

题转化为传统的配电网络重构问题，但未涉及供电恢复后 DG 的供电范围的确定问题。文献[75]从供电方的角度认为，故障发生后，应该最快、最多地恢复重要负荷的供电，因而建立了最大化恢复负荷量的供电恢复优化模型，并提出了采用合作型协同进化遗传算法求解含 DG 的供电恢复问题。文献[76]在传统算法的基础上研究了包含 DG 的配电网故障恢复步骤，但该方法对于配电网大面积断电情况效率较低[73]；针对树状配电网，文献[77]提出了一种启发式的搜索策略，当配电网发生故障后可以快速得到可行的孤岛划分方案，但该策略应用局限，不适用于较为复杂的网状配电网。含 DG 的配电网故障恢复问题，应该研究供电恢复过程中 DG 的运行方式，文献[73]针对配电网大面积停电情况，研究了 DG 孤岛运行方式，提出了以甩负荷最少和系统损耗最小为目标函数的供电恢复数学模型，采用了多智能体遗传算法，具有较快的收敛速度和较高的计算效率。由于配电网供电恢复的多目标性以及目标之间的矛盾性，文献[78]建立了以恢复负荷量最大化、开关动作次数最小化和负荷恢复后系统网损最小化为目标函数的多目标故障恢复数学模型，并采用了基于 Pareto 最优概念的自适应遗传算法解决多目标供电恢复问题，模型考虑了负荷的优先级、开关类型和 DG 并网等因素，为决策者提供了多样性的解，以便决策者根据实际情况，选出其中一个解作为供电恢复方案。

含 DG 的配电网络供电恢复问题需要考虑的是，如何充分地利用 DG 对系统供电可靠性的支持作用[24]，即故障发生后，首先切除故障，然后制定合理的孤岛划分方案并执行。此外，DG 类型不同，其在电网中承担的任务也不同，含 DG 的供电恢复问题不能直接套用传统的求解算法[24, 73, 76]。因此，建立合理的孤岛划分模型及有效的算法十分重要。

无功优化（reactive power optimization，RPO）是指在系统有功负荷、有功电源和有功潮流分布已经给定的情况下，通过优化计算，调整可调变压器变比、补偿电容器投切容量和发电机端电压等控制变量，在满足控制变量以及 PQ 节点电压和发电机无功出力等状态变量的上、下限约束条件下，使系统的某个或多个性能指标达到最优[79-82]。DG 接入配电网或用户侧，能否向电网提供无功补偿在于其并网形式[83]，应该将能够提供无功功率的 DG（没有无功调节能力的也可以作为变量，求值是其需要补偿的无功功率）与传统的无功调节手段相结合进行无功优化。目前，并网后配电网的无功优化问题多集中于发展较为成熟的风电，文献[84,85]和文献[86,87]分别以有功网损最小和多项费用最小为目标函数建立了含风电的配电网无功优化问题。其中文献[84]建立了含多个风电机组的配电网无功优化的场景模型；文献[85]仿真测试了针对不同控制策略和不同有功出力时的情况进行实时风场的无功调度；文献[87]应用遗传算法（genetic algorithm，GA）确定了各不同风力发电状态下风机的最优安装位置、出力，以及可控制无功输出的 DG 的最优输出结果；文献[86]考虑了 DG 出力和负荷三种负荷运行方式的情况，使计算更加精确、简单，更符合实际情况。研究人员逐渐将单目标无功优化模型扩展为多目标优化模型，但不少通过模糊理论[88-90]或权重法[91-94]将多目标转化为单目标后采用人工智能优化方法求解。其中文献[90]将 DG 视为 PV 节点，采用了改进的蜂群算法求解 DG 有功出力、补偿电容无功值和变压器分接头调节位置；文献[91]考虑了风速随机变化的特点，采用了无功-电压潮流计算模型，并在 GA 适应

度函数中引入了内点法的对数障碍函数，有效改善了传统无功优化结果中某些节点电压容易接近上限的问题；文献[92]通过不同的权重值获得了多样性解，模型考虑了当前各个运行点风机的无功能力、最佳化风场和柔性交流输电系统（flexible alternating current transmission systems，FACTAS）位置；文献[95]针对风电场并网运行的多目标无功优化和电压稳定问题，提出了风电场无功优化的目标函数（有功网损最小、负荷节点电压偏移量最小和静态电压裕度最大）和约束条件，应用改进的遗传多目标优化算法同时得到多组 Pareto 最优解，为决策者提供了更多的选择余地，使风电场并网点母线电压在允许范围内。

1.2.4 含 DG 的微电网能量管理

微电网的能量管理系统协调微网内的 DG 和负荷等设备，是实现微电网经济效益和环境效益及提升供电质量的关键。国内外学者在微电网能量管理方面开展了大量的研究工作，由于微电网设备种类繁多，微电网模型并不完全统一，而且各种不同的目标函数和约束条件也会使得问题模型的复杂度有较大差异，这使得优化算法的选取有较大差别。

文献[96]从成本和效益两方面对微电网的经济性进行了分析，通过简化微电网基本结构，提出了热、电、气联供的微电网结构；考虑温室气体和污染物排放，提出了以微电网运行成本最低为目标函数的微电网经济运行模型，并利用粒子群优化算法求解了上述模型。文献[97]提出了微电网日前能量调度模型，以系统总效益最大化为目标，通过改进的粒子群优化（particle swarm optimization，PSO）算法求解了包含二进制变量的优化问题。GA 在分布式供能优化调度方面也得到了很好的应用。文献[98]提出了一种冷电联供分布式供能系统的优化模型，以系统经济运行为目标，根据冷、电负荷的需求制定了微型燃气轮机的发电曲线，该模型是一个带有离散变量的非线性规划问题，采用了 GA 对其进行求解。文献[99]针对分布式发电的特点提出了一种分布式发电系统机组组合模型，以运行费用最低为目标，并提出了一种针对分布式发电系统的调度策略，用改进 GA 求解了对应此策略的系统运行费用，模型不仅考虑了常规机组组合问题的约束，还考虑了对应分布式发电系统的特殊约束。文献[100]利用 GA 求解了含热电联产（combined heat and power，CHP）的分布式供能系统的经济运行，实现了运行成本和污染物排放等的最小化。文献[101]提出了考虑发电成本和排放成本的微电网环保经济调度模型，采用了混沌蚁群优化算法对该模型进行求解。文献[29]提出了微电网能量管理的多目标优化问题，考虑了各负荷节点的电压水平最好和系统的网损最小的技术指标和经济指标，应用小生境进化免疫算法对微电网能量管理进行了优化，解决了 DG 的协调控制问题。

虽然目前对含 DG 的配电网优化问题研究很多，但仍然存在很多问题。在优化目标上考虑问题比较单一，而在考虑多目标时，往往又简单地将其转化为单目标问题[102]。虽然智能算法对求解优化问题有一定的优势，但其收敛速度和精度及局部最优问题依然有待改进。

1.3 配电网多目标优化问题

为了更好地利用 DG 解决其入网问题，应该先解决规划阶段的 DG 配置问题，即选择合适的安装位置及容量。从不同角度看，DG 并网配置问题可以描述为各种目标不同的优化计算模型：从投资成本角度，可以配电网投资和运行费用最小化为目标；从可靠性角度，可以停电损失最小为优化目标；从降损角度，可以配电网损耗最小为优化目标；从节能环保角度，可以分布式能源安装容量最大为目标。实际上，这些目标在实际中都是有需求的，即应该综合考虑 DG 并网优化配置涉及的因素，形成具有综合优化性能的 DG 优化配置模型。配电网节点众多，为了从网络层面优化配置 DG，各个节点都可以作为 DG 安装的候选位置。因此，DG 在配电网中的优化配置是含有高维决策变量的优化问题。

微电网提出的目的之一就是提高供电质量和可靠性，对能量管理系统和协调控制技术的研究是发展微电网的关键性问题。只有合理调度微电网中的各类分布式发电单元，才能实现对新能源的有效利用，体现微电网的经济效益和环境效益。微电网是由具有不同特性且相互补充的多种 DG 整合起来运行的。当负荷发生变化或某些 DG 运行条件改变时，需要对所有分布式发电单元的发电量进行协调优化，可调节的变量主要包括 DG 的有功出力、电压型逆变器接口母线的电压、电流型逆变器接口的电流、储能系统的有功输出、可调电容器组投入的无功补偿量及热电联供机组的热负荷与电负荷的比例等[28, 103]，每个电源的优化目标不尽相同，同时还要考虑经济性和电能质量等目标，这就形成了一个包含连续和离散变量的多目标优化问题。

智能配电网的自愈功能是高级配电自动化的重要组成部分，它包括网络重构（分为系统正常运行和系统故障两种情况）、电压与无功控制、故障定位及隔离（当系统拓扑结构发生变化时）和继电保护再整定[28]。在系统正常运行的状态下，网络重构和电压无功优化都是以优化系统运行状态为目的，在满足配电网的潮流约束、节点电压约束和支路电流约束等的同时，都可以实现降低网损、提高节点电压质量等目标。以无功优化为例，系统运行的经济性对于企业效益和社会效益具有十分重要的意义。因此，传统无功优化大都是从经济利益的角度针对减少系统有功损耗的单目标优化问题。随着经济社会的发展对电能质量的要求越来越显现，在考虑经济性的同时也不得不兼顾电能质量。在诸多电能质量问题中，电压波动过大造成的危害最为广泛，不但直接影响电气设备的性能，还给系统的稳定、安全运行带来困难，甚至引起系统电压崩溃，造成大面积停电[104]。可见，随着对电网运行质量和经济效益要求的日益提高，电力系统运行的经济性、安全性及供电的电能质量已经不能随意地取舍。无功优化的复杂性还在于，求解变量既有连续的（如发电机电压），也有离散的（如补偿电容投切量和有载可调变压器变比）。因此，无功优化问题是一个连续变量与离散变量并存的多变量、多约束、多目标的非线性问题[5]。

配电网络故障恢复重构要求应尽可能多地恢复非故障停电区域的用户供电，或者尽

可能少地切负荷，这是供电恢复最重要也最基本的目标。供电恢复最终要通过分段、联络开关状态的变化来实现非故障停电区负荷的转供，开关操作数量与供电恢复所花费的时间密切相关。因此，供电恢复决策的一个很重要的指标就是要求在恢复负荷得到保证的前提下尽可能减少开关操作数量。另外，不同的供电恢复方案在执行后，可能对配电网经济运行和负荷均衡等系统优化方面的效果并不一致。因此，在满足恢复负荷最大化等基本目标的基础上还要适当考虑对系统运行优化的影响[24]。综上所述，供电恢复也应该是一个多目标优化问题，但各目标的优先级不一样，因此在处理具体问题时，可以根据实际情况选择几个指标作为目标函数，实现计及多目标的综合优化。

电力系统的运行要满足一定的约束条件，优化模型的建立应尽可能反映实际，也必须考虑这些约束条件，并在满足约束条件的情况下，对决策变量进行求解，使若干个指标达到最优。常见的不等式约束分为决策变量约束和状态变量约束：前者包括发电机最大出力限制、支路传输功率限制、节点电压限制及网络重构中的网络辐射状约束等；后者包括无功优化中的变压器变比、无功补偿设备出力约束及分布式发电并网容量等。最常见的等式约束为潮流平衡方程，包含两个非线性递归等式。网络运行的经济性对于企业效益和社会效益具有十分重要的意义，因此从经济利益的角度，配电网有功损耗是分布式发电优化配置、配电网络重构和无功优化等优化问题考虑的一个重要指标，而网损是一个具有非线性特点的指标。

综上所述，含 DG 的配电网优化问题具有几个特点：①存在非线性目标函数和约束条件；②目标函数之间具有很强的非线性关系；③离散和连续变量共存。而多目标优化算法正好能够有效地处理上述复杂多目标优化问题，通过最小化或最大化目标函数，得到满足约束条件的最优方案集。

多目标优化问题的本质[80]在于，很多情况下各个目标函数有可能是相互冲突的，要同时使多个子目标一起达到最优值不太可能，而只能在它们之间进行协调和折中处理，得到一组不同的解（Pareto 解）[105]。国内外学者已对这一问题开展了相关研究，如非线性函数的处理、算法的收敛性，以及如何解决优化问题中的离散变量等。而含 DG 的配电网优化问题，具有其特殊性，如非线性（目标函数和约束条件）、不确定性（负荷及运行方式）、欠连通性（解空间）和离散性（控制变量）等[104]，这就使得含 DG 的配电网优化问题变得更加复杂。下面一节，将从传统方法和启发式智能多目标优化方法两个方面，对含 DG 的配电网的优化问题求解进行评述。

1.4 配电网多目标优化问题的传统解法

传统的求解配电网多目标优化问题的方法很多，其中最主要的就是把多目标优化问题转化为单目标优化问题，利用成熟的单目标优化问题的求解方法求解。最为常用的转化方法有线性加权法、约束法、Benson 法、目标规划法和模糊理论法等[106]，它们通常被称为先验法或先评价法[80, 107]。下面着重分析线性加权法和模糊理论法。

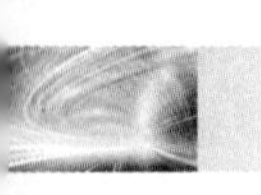

多目标优化问题面临不同目标及其不同量纲的难题，基于模糊集理论的隶属度方法可以弥补这一不足，因此，该方法也被广泛地应用于求解电力系统的多目标优化问题[82, 88-90, 108-113]，但这终归是一种“单目标优化方法”。由于需对每个单一目标进行隶属度函数参数的计算，整个优化过程的耗时将随着所考虑目标数量的增加而增加。有的基于模糊集理论的多目标优化问题求解方法实质上最终也表现为权重和固定的权重法[96]。权重分配是否合理直接影响最终的优化结果，一组固定的权重因子在搜索空间中只能沿一个固定方向搜索。为此，文献[114]～[116]提出了适应性确定权重策略并应用于多目标无功优化问题的求解，通过适应性的调整获得了朝正向理想点的搜索压力。

自适应权重和固定权重法与模糊隶属度算法相比，能保证寻优方向的多向性，避免后者求解各目标隶属度函数而耗时。然而，权重法通过将各目标函数值乘以各自权重的累加和最小（大）化，能不能取得整体最优值得考虑[82, 110]。也正如文献[117]、[118]所指出的，权重法简化了多目标优化问题的求解，但本质上仍然是“单目标优化方法”，不能为决策者提供可选择和分析的多样性解，降低了该方法的工程实践意义；另外，权重法难以解决非凸空间的寻优问题。

可见，传统的多目标优化问题求解方法存在一定的缺陷，主要表现在三个方面[119]。

（1）如果要获取多个 Pareto 最优解，往往需要多次调整参数，并求解转化后的单目标优化问题。由于求解过程是相互独立的，没有任何信息交互，计算效率低下，且得到的解可能无法比较，决策者将无法进行有效决策。

（2）一些方法对 Pareto 前沿为凹凸性比较敏感，在前沿为凹时可能不能保证找到 Pareto 最优解。

（3）大多数传统求解多目标优化问题的方法都需要先验知识，而实际当中很多都不具备。

因此，对于目标数较多、空间维数较高的复杂多目标优化问题，应用这样的传统多目标优化问题求解方法往往很难找到 Pareto 最优解，更不用说 Pareto 解集。电力系统优化问题的目标空间是一个多维、离散且不一定为凸的空间，将多目标优化问题转化为单目标优化问题的方法并不能反映出子目标之间的关系，并不是处理多目标优化问题最好的选择。因此，需要将多目标优化方法应用于求解多目标优化问题。

1.5 启发式智能多目标优化方法

多目标优化方法无须事先给出目标函数之间的优先关系，对非凸、离散空间也有良好的搜索能力，能够更有效地处理多目标优化问题子目标之间相互冲突的问题，提高最优解的质量，为决策者提供一组灵活选择的多样性解。而且更重要的是，对于 DG 并网优化问题，多样性的解能够为决策者提供关于 DG 并网所带来的利益与影响之间关系的有用信息[120]，有助于找到能够惠及多方利益的一组折中解。更进一步，对于 DG 并网的多目标分析，有助于理清 DG 如何配置、选取哪些类型，以及采取哪些刺激措施和政

策鼓励以促进 DG 发展，从而保证 DG 并网所带来的最大效益并将其所带来的不利因素尽可能地最小化[121]。现代启发式群智能优化算法是一种更具实用价值的有效选择，能以较大概率求得问题的全局近似最优解[122]。因此，多目标遗传算法（multi-objective genetic algorithm，MGA）、多目标差分演化算法（multi-objective differtial evolution，MDE）、强度帕累托进化算法（strength Pareto evolutionary algorithm，SPEA）及 SPEA2、基于人工免疫系统的多目标优化算法、多目标粒子群算法、多目标蚁群算法和基于传统数学规划方法与进化算法的分解多目标进化算法（multi-objective evolutionary algorithm based on decomposition，MOEA/D）等现代启发式多目标优化算法广泛用于求解电力系统多目标优化问题[79, 80, 95, 120, 123-131]。

为了更加适应解决电力系统多目标优化问题，研究人员对各种多目标优化算法加以改进。MGA 在求解多变量、多约束、多峰（谷）值、非线性和离散性的问题时有着独特的优势，对求解信息的要求较少，建模简单，适用范围广，寻优能力强。因此，MGA 的研究及其在电力优化问题中的应用发展非常迅速，由于其主要缺点是“早熟收敛”及收敛速度较慢，各种提高收敛性和全局寻优性能的改进 MGA 应运而生。其中，ε 支配使得决策者能够根据需要控制 Pareto 解集，ε 支配排序在多数情况下可以获得更好的收敛性和多样性，所以将 ε 支配引入 MGA，广泛应用于多目标无功优化问题中[124]，但采用 ε 支配并不能提高最终 Pareto 解集距离真实 Pareto 前沿的接近程度，有时甚至会使这一指标变差[132]。

免疫算法是一种全局优化的概率搜索算法，它利用免疫系统的抗体多样性和自我调节功能来保持群体的多样性，从而克服寻优过程中的早熟现象，确保快速收敛到全局最优解。文献[133]提出了基于混沌免疫混合算法的配电网多目标无功优化方法，即将多目标函数各个解映射成多维空间中不同的点，利用这些点与理想点之间的欧氏距离来衡量各个解的优劣，同时运用混沌优化方法与免疫算法的交叉和变异等操作对无功/电压控制的连续变量和离散变量进行交替优化求解。然而，免疫算法较为复杂，涉及操作较多，导致计算时间和记忆存储空间增加；经克隆操作后，在被扩大的空间，克隆种群有可能不能有效地寻找到周围的最小值[134]。

每种多目标优化算法具有各自的特点，但不论采用哪种多目标优化方法求解多目标优化问题，要实现的两个主要目标分别是[135]：①最小化真实 Pareto 前沿与优化算法确认出的 Pareto 前沿之间的距离；②最大化 Pareto 最优解在目标函数空间的多样性及分布均匀性。

因此，把含 DG 的配电网多目标优化问题本身的特点与算法的寻优机制有机地结合起来，综合应用现代数学理论、算法设计与分析理论和优化理论，寻求有效解决群智能多目标优化算法收敛性问题的方法，同时，改进或提出新的策略以维护 Pareto 解的多样性，构造更具实用价值的有效算法，在理论和实践中都具有重要而深远的意义。本书研究性能加强多目标粒子群优化算法，引入随机黑洞机制和动态惯性权重策略以兼顾粒子群的开拓与探索能力，使算法以较高的精度逼近真实的 Pareto 前沿；引入基于细菌群体感应机理的扰动机制和动态选择领导粒子策略以保证种群的多样性；采用逐步淘汰策略提高 Pareto 解的多样性和均匀分布性。所提算法性能经验证后可用于求解 DG 的优化配置和含分布式发电的配电网多目标无功优化问题。

第2章

综合自适应多目标粒子群优化算法

2.1 引　言

含 DG 的配电网多目标优化问题是一类复杂的工程优化问题[117, 122]，需要有效的多目标优化方法进行求解，为决策者的决策提供有力支撑。粒子群算法、蚁群算法和鱼群算法等群体智能算法通用性好，主要采用全局搜索机制，与传统基于梯度的优化算法相比具有鲁棒性、扩展性、分布性、适应性、简单性和易实现性的优势[119, 136]。群智能算法的结构与当前非常热门的分布式多智能体协调控制等热点领域的系统结构更相似，相比进化算法，群智能算法在近几年得到了更加广泛的关注[137]。随着群智能理论的发展，研究人员把群智能算法应用到求解多目标优化问题中，很大程度上推进了多目标优化理论的发展。

作为一种解决优化问题的新型群体智能算法，粒子群优化算法具有良好的收敛性、简便的计算性和设置参数少的优点，而且具有不要求目标函数和约束条件可微的特点，它已发展成为一个极有前途的新型优化工具，不仅为群智能理论的发展提供了应用案例和实现技术，而且是群智能理论创新的实践者[121]。本章将 PSO 算法扩展到多目标优化领域，主要探讨以下问题并提出一种能够求解复杂多目标优化问题的综合自适应多目标粒子群优化（comprehensively adaptive multi-objective particle swarm optimization，CAMPSO）算法。

（1）在借助于粒子群本身进化特性之外，如何使算法以更高的精度逼近真实 Pareto 前沿？

（2）在保留算法快速收敛性的同时，如何保持种群的多样性以避免早熟收敛或收敛到单一的解？

（3）在保证算法收敛到真实 Pareto 前沿的基础上，如何兼顾算法确认出的 Pareto 解的多样性及分布均匀性？

2.2 多目标优化算法问题概述

2.2.1 多目标优化算法设计原则

最优化问题中，仅有一个目标函数的称为单目标优化问题，而目标函数超过一个并且需要同时处理的则称为多目标优化问题。为便于讨论，首先给出多目标优化问题的模型及一些基本概念[135]。

定义 2.1 （多目标优化问题）不失一般性，假设求解多目标最小化问题，其数学模型可表示为

$$\min \boldsymbol{f}(\boldsymbol{x})=[f_1(\boldsymbol{x}),f_2(\boldsymbol{x}),\cdots,f_k(\boldsymbol{x})]$$
$$\text{s.t.}\begin{cases} g_i(\boldsymbol{x})\leqslant 0(i=1,2,\cdots,m)\\ h_i(\boldsymbol{x})=0(i=1,2,\cdots,p)\\ \boldsymbol{x}\in\boldsymbol{X}\in\mathbf{R}^n,\boldsymbol{f}\in\boldsymbol{F}\in\mathbf{R}^n\end{cases}\tag{2.1}$$

式中 $\boldsymbol{x}$ 和 $\boldsymbol{f}$ 分别为决策向量和目标向量；$\boldsymbol{X}$ 和 $\boldsymbol{F}$ 分别为决策空间和目标空间；$f_i|_{i=1,2,\cdots,k}$ 为子目标函数；$g_i|_{i=1,2,\cdots,m}$ 和 $h_i|_{i=1,2,\cdots,p}$ 分别为不等式和等式约束条件。

定义 2.2　（Pareto 支配）设 $\boldsymbol{X_f}$ 为多目标优化问题的可行解集，$F(x)=(f_1(x), f_2(x),\cdots,f_k(x))$ 为目标向量，$\boldsymbol{x_i},\boldsymbol{x_j}\in\boldsymbol{X_f}$。称 $\boldsymbol{x_i}$ Pareto 支配（简称支配）$\boldsymbol{x_j}$，当且仅当 $\forall s\in 1,2,\cdots,k$：$f_s(x_i)\leqslant f_s(x_j)\wedge\exists t\in 1,2,\cdots,k$：$f_t(x_i)\leqslant f_t(x_j)$。

定义 2.3　（Pareto 最优解）若在某一集合中不存在任何其他解 $\boldsymbol{x}'$ 支配 $\boldsymbol{x}$，则 $\boldsymbol{x}$ 为该集合中的 Pareto 非支配解（简称非支配解）；若 $\boldsymbol{x}$ 为多目标优化问题整个可行解集中的非支配解，则称 $\boldsymbol{x}$ 为该问题的 Pareto 最优解，如图 2.1 所示。

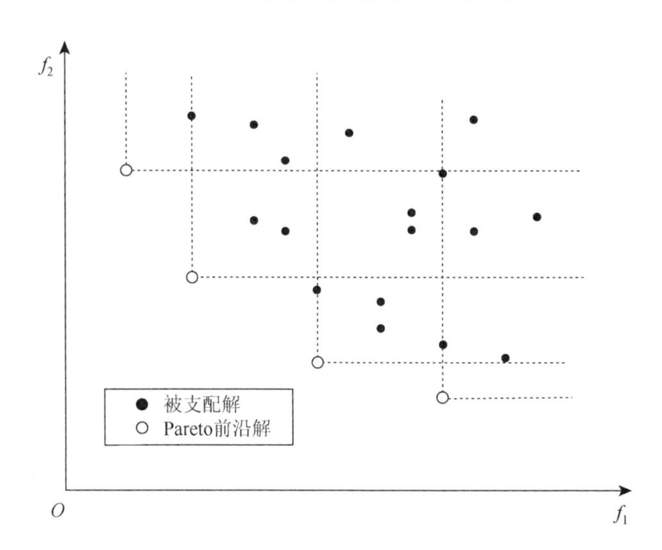

图 2.1　支配解与非支配解（Pareto 最优解）在目标函数空间示意图（以双目标优化问题为例）

定义 2.4　（Pareto 最优解集）Pareto 最优解集是所有 Pareto 最优解的集合。

定义 2.5　（Pareto 最优解前沿）最优解集中所有 Pareto 最优解对应的目标矢量组成的曲面称为 Pareto 前沿。

对于单目标优化问题，人们只需按照一个准则寻找最优解，这个解是名副其实的最优解；而对于多目标优化问题，由于目标函数之间无法比较且相互冲突，未必存在对所有目标函数都是最优的解，需要寻找的是一组折中解的集合，即 Pareto 最优解集或非支配解集 P^*[102, 106, 122]，如图 2.1 所示。采用多目标优化方法求解多目标优化问题，要最小化真实 Pareto 前沿与优化算法确认出的 Pareto 前沿之间的距离和最大化 Pareto 最优解在目标函数空间的多样性及分布均匀性[135]。

群智能算法为解决复杂优化问题提供了新的途径和方法，为满足上述两个目标，在设计多目标群智能优化算法时必须考虑的关键问题[119]有两个。

（1）如何定义个体的适应度值和领导粒子的选择方式，以保证种群可以朝着 Pareto 前沿的方向搜索？

（2）如何保持个体的多样性并避免早熟收敛现象，以保证收敛到 Pareto 前沿时有一个范围广且特性良好的分布？

群智能多目标优化算法基本步骤可表述如下。

步骤 1：初始化种群 $P(t)$，置迭代次数 $t=0$。

步骤 2：对 $P(t)$进行更新操作，并得到种群 $Q(t)$。

步骤 3：计算 $R(t)=P(t)\cup Q(t)$中个体的适应度值。

步骤 4：根据适应度值在 $R(t)$中选取最好的 N 个个体复制到 $P(t+1)$中。

步骤 5：判断是否达到终止条件。若未达到，则 $t=t+1$，并跳转至步骤 2；否则，输出 $R(t)$中的非劣解集。

2.2.2 多目标粒子群优化算法问题概述

1999 年，文献[138]首次提出采用 PSO 求解多目标优化问题，此后，基于 PSO 的多目标优化算法得到深入研究，为保证种群的多样性、加强算法的收敛性和提高所得 Pareto 最优解的分布均匀性，研究人员提出了各种策略。

ε 支配概念[139, 140]、小生境技术[140-142]、maximin 策略[141, 143]、抗体克隆选择学说[144]、变异操作和 NSGA-II 的拥挤距离排序策略[142, 145-149]等被采用以维护 Pareto 解的多样性。然而，虽然 ε 支配排序多数情况下可以获得更好的收敛性和多样性，但采用 ε 支配并不能提高最终 Pareto 解集距离真实 Pareto 前沿的接近程度，有时甚至会使这一指标变差[132]；小生境技术能够维护解的多样性但存在参数难以确定等缺点；基于抗体克隆选择理论的正交免疫克隆粒子群算法，虽然增加了种群的多样性及 Pareto 解的分布均匀性，但经克隆操作后，在被扩大的空间克隆种群有可能不能有效地寻找到周围的最小值[134]；maximin 策略不需额外的多样性评价技术，根据适应值大的正负性便可确定非支配解。为了提高解的多样性，基于拥挤距离的排序策略被广泛应用，其基本思想是：计算非支配解的拥挤距离，对非支配解进行排序，保留拥挤距离比较大的解。但该策略没有考虑到当某个解被淘汰后对邻解拥挤距离的影响，当其周边更密集的解被淘汰后，可能变得过于稀疏，解的分布均匀性不好，不利于提高 Pareto 解的多样性。

为保证算法的快速收敛性，目前的算法大都借助于粒子群本身的进化特性并辅之以变异操作，这些传统方法不足以有效解决收敛性问题。PSO 算法易早熟收敛，变异操作虽利于增加种群的多样性，但变异的随机性使得搜索精度有限，甚至会造成退化现象[143]。可见，需要寻求新的方法以有效解决收敛性问题。

另外，如何保存每一次迭代产生的 Pareto 解以便最终输出也是值得考虑的，最直接也是当前最常用的方法是使用一个外部存储器（external archive），而其缺陷之一就是存储器规模随着迭代次数的增加快速增长，导致计算代价提高[105]。为此，研究者们采用

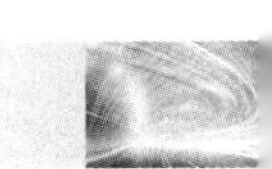

不同的策略（如聚类和拥挤距离排序）对存储器规模进行删减。相应地，根据最近邻密度估计（the nearest neighbor density estimator）[140, 146, 149]或核密度估计（kernel density estimator）[149, 150]则从外部存储器中以诸如随机[149]、轮盘[150, 151]、锦标赛[140]和拥挤距离排序[146]等方式选择最优粒子。在多目标粒子群优化算法中，领导粒子能指引粒子的飞行，它（们）的选择事关搜索到最终解的优劣，合适的选择方式将对种群和优化解的多样性起到积极的作用。

总之，对提高多目标粒子群优化算法性能方面来讲，如何在保证全局寻优能力和收敛性的同时保持 Pareto 解的多样性，还有很大的研究和改进空间，本书 2.3～2.5 节将围绕以下三个方面展开探讨。

（1）在借助于粒子群本身进化特性和变异操作解决多目标粒子群优化算法收敛性之外，努力寻求新的策略以增强算法的收敛性。

（2）拥挤距离排序策略是多目标优化领域中的里程碑，应对其加以改进，使得应用时能进一步提高 Pareto 解的分布均匀性。

（3）领导粒子的选择对于加强种群的多样性和提高全局寻优能力具有重要作用，提出合适的评价指标及与之对应的选择策略可以指导粒子飞行。

2.3　PSO 算法开拓与探索能力提升策略

PSO 算法中每个粒子与所求解问题的一个解相对应，通过种群中个体的交互作用来寻找复杂问题空间中的优化解。PSO 算法随机产生一个初始种群并赋予每个粒子一个随机速度 $\boldsymbol{v}_i=[v_{i1},v_{i2},\cdots,v_{id},\cdots,v_{iD}]^{\mathrm{T}}$ 和位置 $\boldsymbol{x}_i=[x_{i1},x_{i2},\cdots,x_{id},\cdots,x_{iD}]^{\mathrm{T}}$（$D$ 为变量维数），在飞行过程中，粒子的飞行速度和轨迹通过自己及同伴的飞行经验来动态调整，整个群体有飞向更好搜索区域的能力。粒子 i 的速度 $\boldsymbol{v}_i$ 和位置 $\boldsymbol{x}_i$ 第 $d|_{d=1,2,\cdots,D}$ 维的更新公式分别为

$$v_{id}(t+1)=wv_{id}(t)+c_1r_1[p_{id}-x_{id}(t)]+c_2r_2[p_{gd}-x_{id}(t)] \tag{2.2}$$

$$x_{id}(t+1)=x_{id}(t)+v_{id}(t+1) \tag{2.3}$$

式中 t 为当前的迭代次数；w 为惯性权重系数；c_1 和 c_2 为加速度系数；r_1 和 r_2 为[0,1]上的随机数；$\boldsymbol{p}_i$ 和 $\boldsymbol{p}_g$ 分别为个体最优粒子和全局最优粒子（领导粒子）位置。式（2.2）中的第一部分为粒子先前的速度；第二部分为“认知（cognition）”部分，表示粒子本身的思考；第三部分为“社会（social）”部分，表示粒子间的信息共享与相互合作[152]。

2.3.1　惯性权重和加速因子的动态变化

搜索过程中不仅需要保持粒子的个性，也要充分利用整体的社会知识；不仅需要保证全局的搜索效果，也要注意局部的搜索。式（2.2）中各参数的调整将直接影响算法的性能。惯性权重和加速度系数是粒子个体经验与全局经验的联系纽带，同时它们也是平

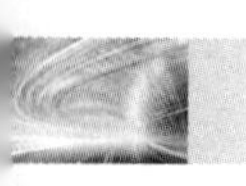

衡算法的局部搜索和全局搜索的渠道。惯性权重的取值大小影响着粒子群开拓（exploration）和探索（exploitation）的能力（合适的惯性权重也可以增强种群多样性[105]），大的惯性权重有助于增强全局开拓，而小的惯性权重则倾向于在当前位置进行局部搜索。加速度系数用来调节个体最优位置的经验和全局最优位置的经验在速度更新中的比重。为了保证粒子群寻优的全局性和搜索的高效性，迭代过程中，粒子的速度更新公式由式（2.2）修改为

$$v_{id}(t+1) = wv_{id} + c\{r_1[p_{id} - x_{id}(t)] + r_2[p_{gd} - x_{id}(t)]\} \tag{2.4}$$

式中 c 为加速因子。

惯性权重 w 是控制先前速度对当前速度的冲击，文献[153]提出，参数 w 根据迭代次数线性减小，该方法在初期有助于全局搜索，后期有利于局部搜索。但是，如果后期粒子群陷入局部最优，该方法将不利于粒子群摆脱局部最优。全局搜索和局部搜索在整个迭代过程中需要不断地平衡，以保证收敛的全局性和搜索的高效性。为了更好地平衡粒子的开拓与探索性能，惯性权重按照下式动态自适应调整[147, 148]：

$$w(t) = w_0 + r_3(1 - w_0) \tag{2.5}$$

式中 w_0 为建议在[0,0.5]上的常数；r_3 为在[0,1]上服从均匀分布的随机数。式（2.5）使得惯性权重在[w_0,1]上忽大忽小的变化，既能引导粒子群搜索全域，也兼顾了对局部区域的挖掘，使算法在全局寻优和局部搜索中不断平衡。

式（2.4）中的加速因子 c 根据下式调整，其值随着迭代次数而增加，利于在进化后期加强种群全局搜索能力，特别是对于多峰问题有助于跳出局部最优[147][148]：

$$c = c_0 + \frac{t}{M_t} \tag{2.6}$$

式中 c_0 的取值在[0.5,1]上；M_t 为总的迭代次数。

2.3.2 随机黑洞机制

惯性权重和加速度系数的动态变化是从粒子群优化算法的自身特性出发平衡全局寻优与局部搜索，随机黑洞机制则是提高算法寻优精度的另一有效策略。

受黑洞概念启发，文献[134]认为，在解空间，种群中的每一粒子可视为太空中的星球，其对应的适应度视为吸引力，在每一次迭代过程中，每一粒子要受到个体最优的吸引力和全局最优的吸引力。真实最优解是未知的，可以视为一黑洞。随机产生一个紧邻全局最优粒子的黑洞，此黑洞被视为真实最优解的近似并对所有粒子施加吸引力。据此，它提出了随机黑洞粒子群（particle swarm optimization based on random black hole，RBH-PSO）算法，即每一次迭代时对每一粒子的任一维 d，在以全局最优粒子相对应的维 p_{gd} 为中心、r 为半径的区域内随机产生一粒子视为黑洞，设一常数阈值 $p \in [0, 1]$作为其吸收该粒子相对应维 x_{id} 的能力。对于 x_{id} 产生一随机数 $l \in [0, 1]$，若 $l \leqslant p$，则 x_{id} 被黑洞捕获；否则，按照传统方式进行更新，即

$$x_{id}=\begin{cases}x_{id}+v_{id}, & l>p\\ p_{gd}+2r(r_4-0.5), & l\leqslant p\end{cases}\tag{2.7}$$

式中 r_4 为在[0，1]上服从均匀分布的随机数。更新示意图如图 2.2 所示。

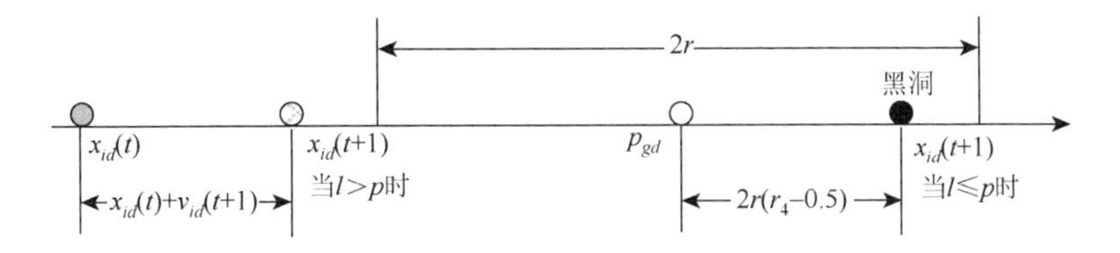

图 2.2　引入随机黑洞机制后粒子位置更新示意图

对于多目标粒子群优化算法，每一个体的领导粒子是从当前非支配粒子集中选择的（2.4.2 小节中将详述），引入随机黑洞机制加强了个体在领导粒子周围的局部搜索，其在多目标粒子群优化算法中的应用流程如图 2.3 所示。

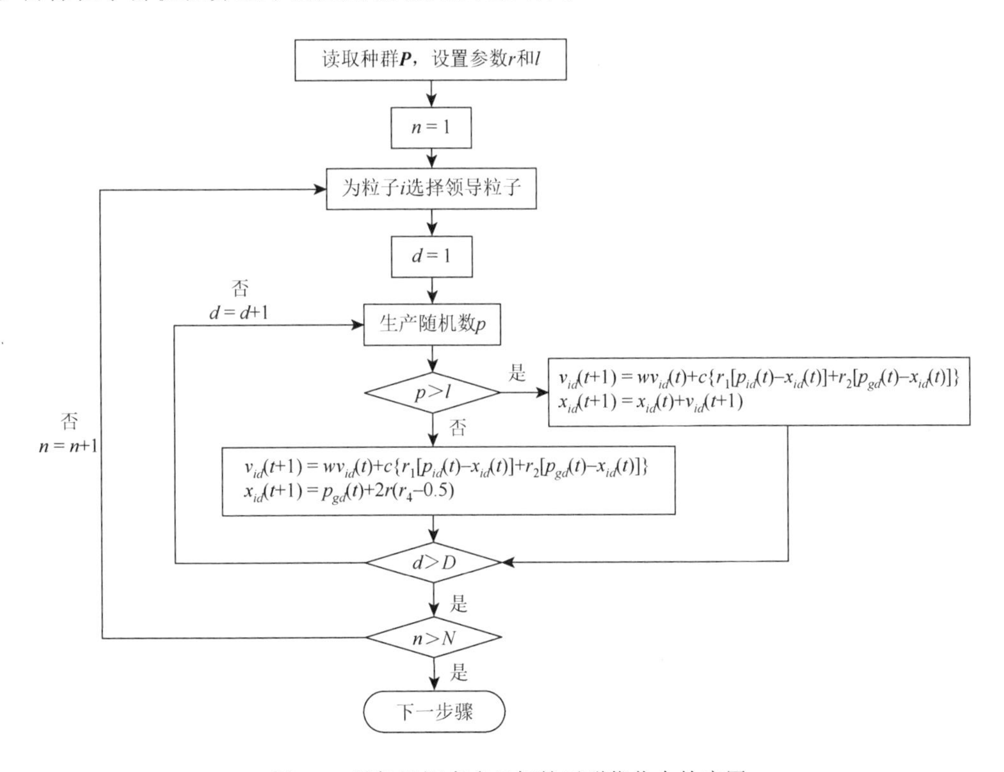

图 2.3　随机黑洞在多目标粒子群优化中的应用

文献[134]认为，引入黑洞机制后，因为粒子有一定的概率进入黑洞，进入后也有一定的概率逃逸黑洞，为粒子增加了新的搜索区域，而且可以加快收敛进程。本章将该算法扩展应用到求解多目标优化问题，利用其全局优化能力强和收敛速度快的优点逼近 Pareto 最优解。但收敛速度快也容易导致早熟收敛，过早地丧失解的多样性，因此需要引入其他机制维护种群进化的多样性并保证算法所找到的 Pareto 解的多样性和分布均匀性。

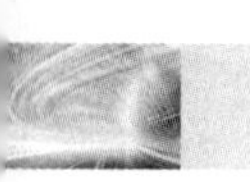

2.4 领导粒子动态选择及保持种群多样性策略

2.3 节介绍了平衡粒子群开拓与探索能力采用的策略，但是 PSO 的一个固有问题是，粒子群在个体最优和全局最优的引导下进行寻优，微粒个体总是向全局最优、个体最优飞行，经过若干代进化，可能发生所有粒子的位置都趋于同一个局部最优解的情况，即发生早熟收敛，这种早熟收敛是由于随着进化进程种群多样性下降过快造成的，尤其在求解多目标优化问题时要避免该问题。本节将探讨种群多样性保持策略，以避免种群陷入局部最优，增强种群的开拓能力。

2.4.1 基于细菌群体感应机理的扰动机制

和群智能一样，自然界中看似简单、杂乱无章的微生物个体行为却表现出非凡的整体效应。群体感应是微生物界普遍存在的现象，这种行为机制在微生物生存和繁衍过程中起着重要的作用。

长期以来，人们注意到细胞之间的信息交流使得某些细菌群体存在合作的行为方式，这种交流称为群体感应[154]。早在 20 世纪 70 年代，科学家们就对哈氏弧菌（Vibrio harveyi）等海洋细菌中的群体感应现象[155, 156]进行了研究，他们发现细菌在繁殖过程中能自发分泌一种可扩散传播、可累积的物质，并通过感知其浓度变化来调节细菌的群体行为。2007 年，研究人员发现，霍乱弧菌（Vibrio cholerae）也通过感应机理控制生物膜的形成，当霍乱弧菌感知其数目（密度）较低时会刺激形成生物膜保护自己，当到达了一定数量时就释放毒素刺激宿主，通过呕吐和痢疾将病菌排出，从而逃逸出生物体。可见，群体感应在生物的生存和繁殖中起着重要的作用。

由式（2.2）和（2.3）可见，当粒子群早熟收敛即趋于局部最优时，所有的粒子速度均为零，如果不对种群施加一扰动因素，那么迭代将不会产生新的粒子，如果种群陷入局部最优，也不可能逃逸局部最优。因为领导粒子指引微粒个体飞行，如果对种群施加一扰动产生新的粒子，这些粒子一旦成为领导粒子就有可能引导种群逃逸当前的局部最优。引入扰动并产生新的领导粒子潜在地有助于种群避免陷入局部最优，增强种群的开拓能力。受细菌群体感应现象启发，将群体感应机理引入多目标粒子群优化，保持种群的多样性，即一旦粒子群中所有微粒速度过小（小于一设置阈值），就发生一次群体感应，产生一感应种群，并将新种群中的粒子个体与当前代的非支配粒子比较，将优秀粒子选入下一次迭代粒子群中。基于细菌感应机理的扰动机制流程如图 2.4 所示，具体操作描述如下。

步骤 1：读取当前代种群 P、非支配粒子集 ND_list 和下一次迭代的粒子群 New$P$。

步骤 2：判断 P 中每一粒子的速度是否小于阈值 V_{limit}。若是转步骤 3；否则，跳出扰动操作。

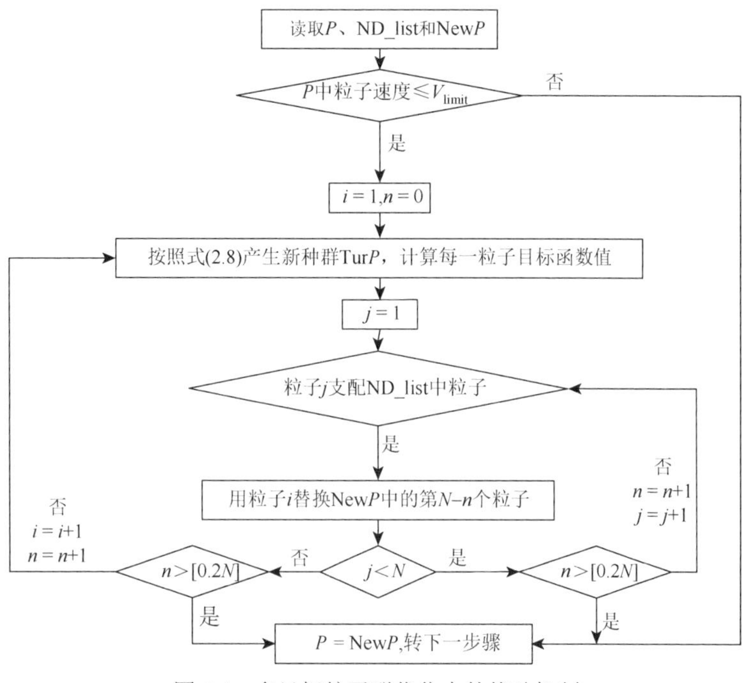

图 2.4　多目标粒子群优化中的扰动机制

步骤 3：根据式（2.8）产生一规模为 N 的新种群 Tur$P$。

$$\mathrm{Tur}X = X_{\mathrm{new}} + \beta V_{\max} \cdot \mathrm{sign}\{2[\mathrm{rand}(1, N) - 0.5]\} \tag{2.8}$$

式中 Tur$X$ 为新产生种群的粒子位置，为 $D \times N$ 矩阵；X_{new} 为种群 New$P$ 的粒子位置；$\beta \in [0, 1]$为扰动幅度；$V_{\max}$ 为 $D \times 1$ 矩阵，表示粒子速度限制；sign 为符号函数。

步骤 4：确认 Tur$P$ 中的非支配粒子并存储为矩阵 TurND。

步骤 5：确认 TurND 中的每一个体与当前的非支配粒子集 ND_list 中的所有非支配粒子的支配关系，若 TurND 中某一个体的每一函数值均优于后者所有粒子对应的目标函数值，则将该个体存储在 WinND 中。

步骤 6：用 WinND 中的个体替换下一次迭代粒子群 New$P$ 中居于后部的粒子。

简单来讲，本策略首先引入扰动然后替换。文献[105]指出，随机、不合理的变异操作或类似变异操作都会影响粒子群进化。一旦所有粒子的速度为零，那么种群将同时趋于当前最优，本策略扰动施加的条件是所有粒子的速度小于一阈值，然后产生一新种群，一旦新种群中的粒子优于当前非支配解集中的粒子即进行替换，这样可增强种群多样性，而且有利于局部探索。

2.4.2　领导粒子的动态选择

扰动机制是粒子群多样性丧失时通过产生新的种群并确认出新领导粒子来带领种群逃离局部最优、增强种群的开拓能力。合适的领导粒子选择方式是设计多目标粒子群算法需要重要考虑的问题，也是增强种群多样性的重要途径之一[105]。

领导粒子对粒子群的搜索方向具有重要的指导作用，多目标优化中要从一组互不支配的非支配粒子集中根据某一标准选取一个或多个领导粒子。为了增强种群多样性，在进化过程中，为每一粒子选择一个领导粒子，并采用动态加权法[147, 148]对当前代的非支配粒子进行动态评价。加权法在构成 Pareto 解集时存在一些缺陷，但对于已形成的 Pareto 解集，动态加权法可以形成动态的评价。在选取某一粒子的领导粒子时对 Pareto 解集中各粒子适应度按照下式动态计算（以最小化优化问题为例），当前 fitness 值最大的粒子就选为领导粒子：

$$\text{fitness}=\frac{1}{\sum_{i=1}^{M} w_i f_i},\quad w_i=\frac{\lambda_i}{\sum_{i=1}^{M}\lambda_i},\quad \lambda_i=U(0,1) \tag{2.9}$$

式中 M 为目标函数的个数；f_i 为 i 个目标函数值。函数 $U(0,1)$ 随机产生均匀分布在[0, 1]上的随机数。

由式（2.9）可知，因为对非支配粒子的适应度进行动态评价，使得较低前沿的非支配粒子和最前沿的非支配粒子拥有相同的概率被选为某一粒子的领导粒子，避免只在最前沿粒子中进行选择而产生不利于种群多样性的缺陷。某种群领导粒子的选择流程如图 2.5 所示。

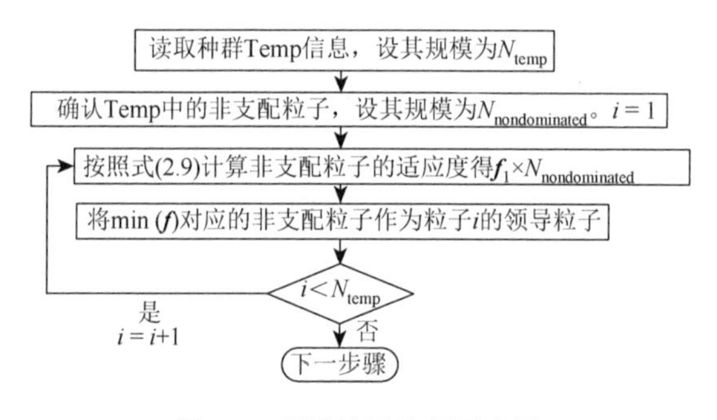

图 2.5　领导粒子选择示意图

2.5　提高 Pareto 解的多样性和均匀分布性策略

一个好的多目标优化算法不仅应该收敛到全局最优，还应该充分提高解的多样性，利于用户最终根据其标准来选择合适的解。

2.5.1　NSGA-II 拥挤距离排序

为了提高解的多样性，基于 NSGA-II 的拥挤距离排序策略被广泛应用。设种群规模为 N，根据 NSGA-II 的拥挤距离排序策略，由当前代种群 P_t 及其子代 Q_t 组合为种群 R_t，根据 Pareto 支配关系得到一系列不同级别的 Pareto 解集。当需要从某一同级别的解集中选出若干个解时，为保持多样性，利用基于 NSGA-II 拥挤距离的排序技术对该解集中的

解进行排序，拥挤距离大的解优先被选中。其基本思想是，计算非支配解的拥挤距离，对非支配解进行排序，保留拥挤距离比较大的解。其排序策略如图 2.6 所示，R_t 根据支配关系得到一系列非支配 Pareto 解集，依次顺序是 F_1，F_2，…。F_1 级别最高，若 F_1 的数量小于 N，则把 F_1 的成员全部选择到种群 P_{t+1}。P_{t+1} 的剩下成员将在 F_2，F_3，…中选择，直到数量为 N 为止。图中，F_3 集合的第一个成员次序小于 N，而最后一个成员次序大于 N，为了保持种群多样性，NSGA-Ⅱ中需要对 F_3 进行拥挤距离排序，其拥挤距离的计算复杂度为 $O(M(2N)\log(2N))$（M 为目标的数量）。

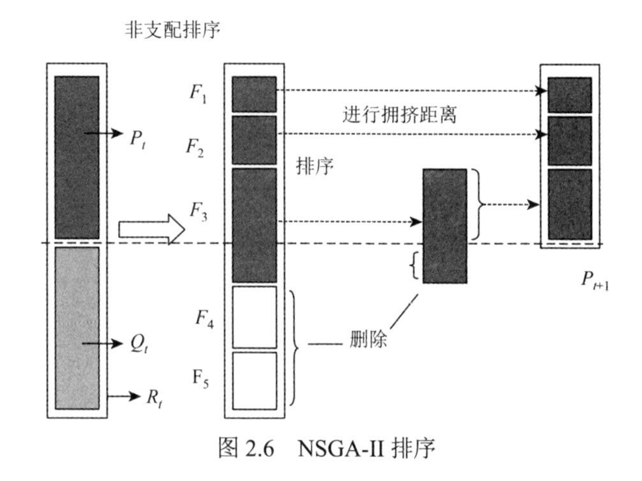

图 2.6 NSGA-II 排序

但该策略没有考虑当某个解被淘汰后对邻解拥挤距离的影响，当其周边更密集的解被淘汰后，最后保留的解可能变得过于稀疏，分布均匀性不好，不利于提高 Pareto 解的多样性。如图 2.7（a）所示，要从 Pareto 解 $S_1,S_2,\cdots,S_{10}$ 中筛选出 5 个解，设 S_1 和 S_{10} 的拥挤距离为无穷大，$S_2,S_3,\cdots,S_9$ 的拥挤距离（crowding distance，CD）如表 2.1 所示。根据 NSGA-Ⅱ的拥挤距离排序策略，最终被选中的非支配解如图 2.7（b）所示。可见，由于没有考虑到当某个解被淘汰后对邻解拥挤距离的影响，最后保留的解 S_1 和 S_7 的拥挤可能变得过于稀疏，分布均匀性不好。

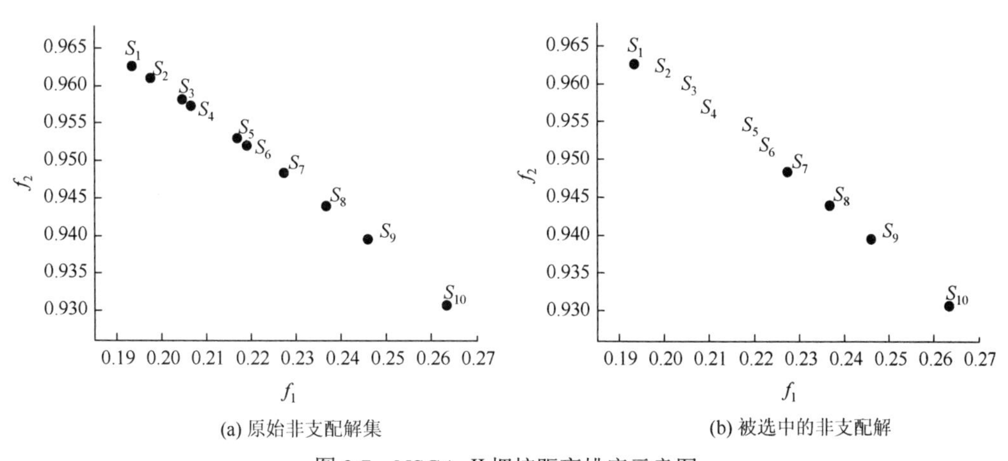

(a) 原始非支配解集　　(b) 被选中的非支配解

图 2.7 NSGA-Ⅱ拥挤距离排序示意图

表 2.1　$S_1,S_2,\cdots,S_{10}$ 拥挤距离

	S_1	S_2	S_3	S_4	S_5	S_6	S_7	S_8	S_9	S_{10}
f_1	0.1933	0.1974	0.2045	0.2064	0.2168	0.2190	0.2272	0.2365	0.2457	0.2633
f_2	0.9627	0.9610	0.9582	0.9574	0.9530	0.9521	0.9484	0.9440	0.9396	0.9307
CD	∞	0.2995	0.2433	0.3375	0.3457	0.2941	0.5015	0.5385	0.7997	∞

2.5.2　逐步淘汰策略

NSGA-Ⅱ拥挤距离排序是采用一步到位的“直选”法。本章提出采用逐步淘汰策略，每次只淘汰当前拥挤距离最小的解，通过逐步淘汰，得到具有分布均匀的、具有良好多样性的 Pareto 解，其流程框图和示意图分别如图 2.8 和 2.9 所示。具体步骤如下。

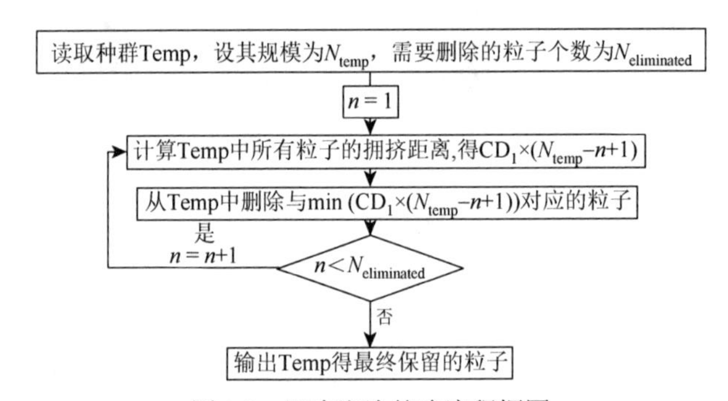

图 2.8　逐步淘汰策略流程框图

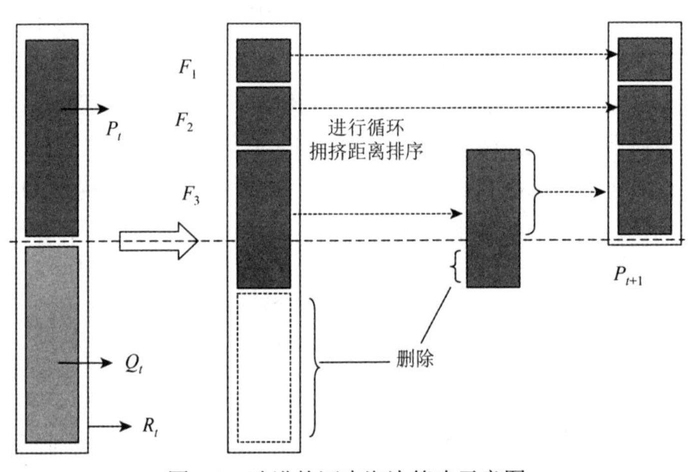

图 2.9　改进的逐步淘汰策略示意图

步骤 1：计算 Temp 中所有非支配解的拥挤距离，删除其中拥挤距离最小的解。

步骤 2：判断 Temp 中剩余非支配解规模，若达到要求，则转步骤 3；否则，转步骤 1。

步骤 3：输出 Temp 中剩余的非支配解。

图 2.10 给出了采用逐步淘汰策略从 10 个 Pareto 解中选出 5 个解的步骤，与图 2.7(b) 结果相比，所得的 5 个 Pareto 解分布较为均匀，具有更好的多样性。因此，与 NSGA-Ⅱ

拥挤距离排序相比，改进的逐步淘汰策略更有利于提高解的多样性。而且，在排序过程中，第一次排序时间复杂度为 $O(M(2N)\log(2N))$；第二次时间复杂度为 $O(M(2N-1)\log(2N-1))$；最后一次的时间复杂度为 $O(M(N)\log N)$。因此，整体的时间复杂度为 $O\left(\sum_{i=N}^{2N} M(i)\log i\right)$。

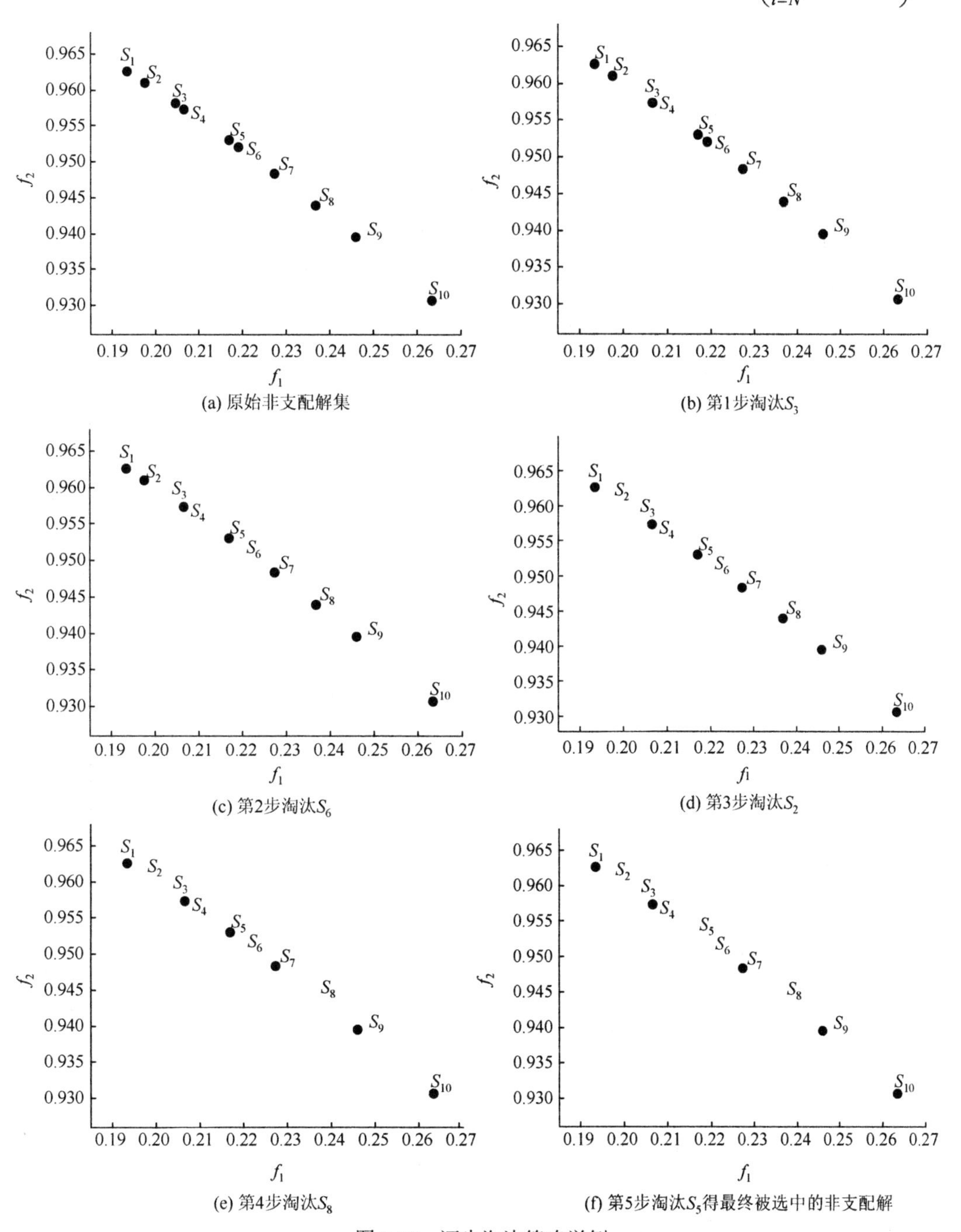

(a) 原始非支配解集

(b) 第1步淘汰S_3

(c) 第2步淘汰S_6

(d) 第3步淘汰S_2

(e) 第4步淘汰S_8

(f) 第5步淘汰S_5得最终被选中的非支配解

图 2.10　逐步淘汰策略举例

2.5.3 下一次迭代粒子的选择

根据支配关系，从种群 R_t 中所得到的非支配解数目 N_{ND_list} 可能大于种群的规模 N，也可能小于 N。对于下一次迭代粒子的选取，当 $N_{ND\_list}>N$ 时，通常是从当前的非支配解集中以随机方式[147, 149]或按照拥挤距离顺序[142, 148]选取。由于拥挤距离排序策略的缺陷，本章将逐步淘汰策略应用于下一次迭代粒子群 New$P$ 的选择策略中，流程如图 2.11 所示。具体步骤叙述如下。

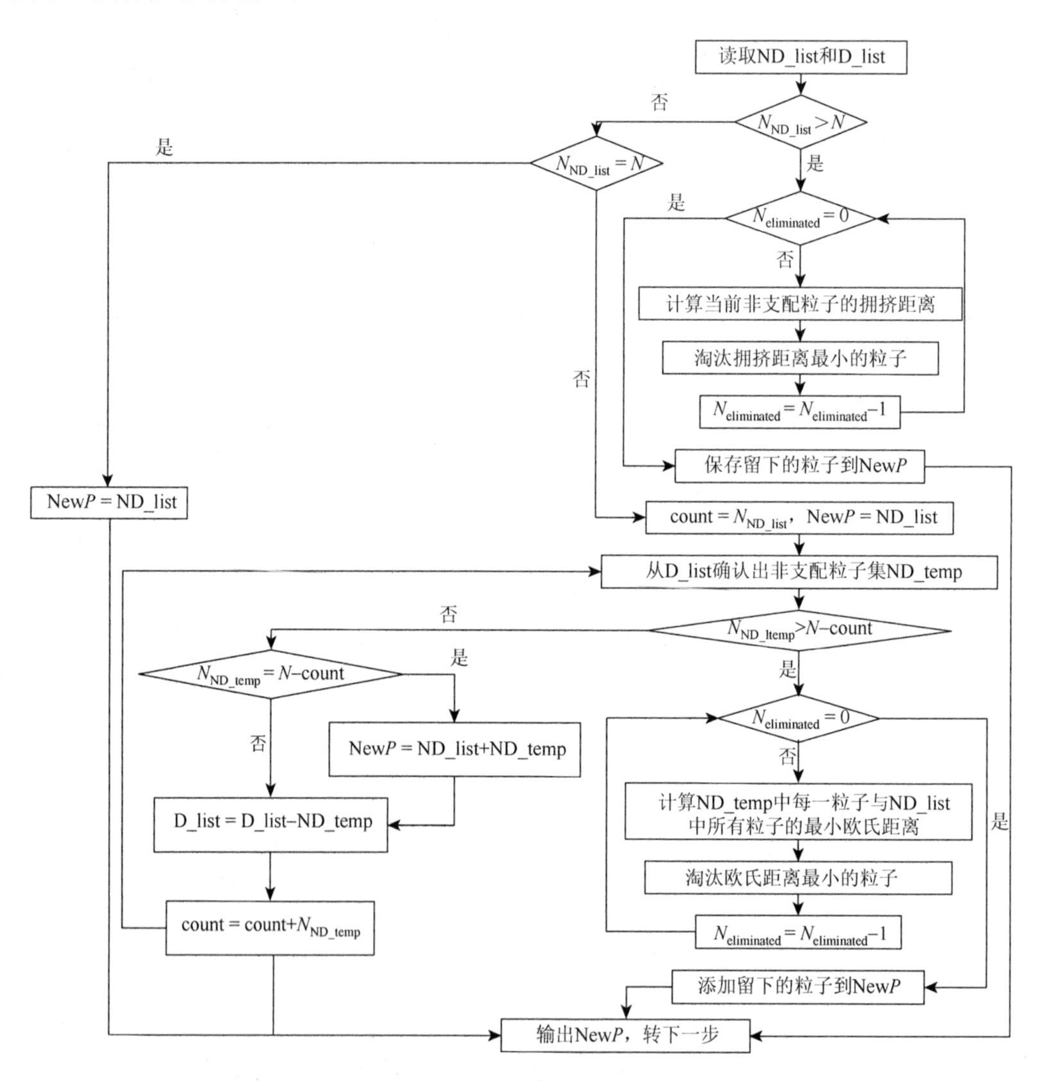

图 2.11 下一次迭代的粒子产生示意图

步骤 1：根据支配关系，从 R_t 中确认出非支配粒子并存储在 ND_list 中，将被支配粒子存储在 D_list 中，New$P$ = []。

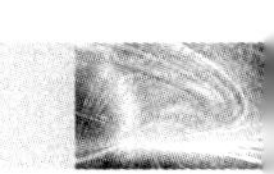

步骤 2：判断非支配粒子规模与种群规模关系。若 $N_{\text{ND\_list}}>N$，则转步骤 3；否则，令 count = $N_{\text{ND\_list}}$，将 ND_list 复制到 New$P$，转步骤 4。

步骤 3：采用逐步淘汰策略淘汰掉 $N_{\text{ND\_list}}-N$ 个非支配粒子，输出剩余的粒子作为下一次迭代的粒子并存储为 New$P$。

步骤 4：从 D_list 中确认出非支配粒子集 ND_temp。

步骤 5：判断 ND_temp 中的粒子数目 $N_{\text{ND\_temp}}$ 与 N–count 关系，若 $N_{\text{ND\_temp}}>N$–count，则转步骤 6；若 $N_{\text{ND\_temp}}=N$–count，则添加 ND_temp 中的非支配粒子到 New$P$ 并输出；否，则转步骤 7。

步骤 6：计算 ND_temp 中的每一粒子与 ND_list 中所有粒子间的最小欧氏距离，淘汰掉欧氏距离最小的粒子，循环执行直到剩下 $N-N_{\text{ND\_list}}$ 个粒子，将此 $N-N_{\text{ND\_list}}$ 个粒子添加到 New$P$ 并输出。

步骤 7：删除 D_list 中非支配粒子集 ND_temp 含有的粒子，令 count = count + $N_{\text{ND\_temp}}$，转步骤 4。

2.6　CAMPSO 算法流程

本章采用动态惯性权重，并且在寻优过程中群体速度降低时引入基于群体感应机理的扰动机制，使得种群具有综合的自适应进化功能，从而构成 CAMPSO 算法。完整的 CAMPSO 算法可归纳如下，其流程如图 2.12 所示。其中，文献[145]提出并改进的非支配排序技术是多目标优化领域中的里程碑，其流程如图 2.13 所示。本章将非支配排序技术应用于算法进化中需要确认出非支配粒子的种群中。

步骤 1：初始化。设定初始种群 P、种群规模 N 和迭代次数 M_t，以及黑洞模型中的参数 p 和 r。随机初始化所有粒子，初始化每一个体最优 p_i 和全局最优（领导粒子）p_g。

步骤 2：更新领导粒子和个体最优。计算当前种群 P 中所有粒子的各个目标值，并根据图 2.10 非支配排序技术确认 P 中的非支配粒子。根据图 2.5 为每一粒子选择领导粒子 p_{gi}，更新每一个粒子个体最优 p_i。

步骤 3：产生新的粒子。按照式（2.4）和（2.7）更新 P 中各粒子的速度和位置以形成新的种群 Q，并计算 Q 中各粒子的目标值。组合种群 P 和 Q 构成种群 R。

步骤 4：对种群 R 中的粒子进行非支配排序。根据图 2.13 非支配排序，确认出种群 R 中的所有非支配粒子，并作为当前代非支配粒子集储存在 ND_list 中，将被支配粒子储存在 D_list 中。

步骤 5：根据 2.4.3 小节及图 2.11 流程，选择下一次迭代的粒子群 New$P$。

步骤 6：扰动操作。判断是否达到扰动施加条件，根据图 2.4 进行相关操作。

步骤 7：若没有达到迭代次数 M_t，则执行步骤 2；否则，执行步骤 8。

步骤 8：输出非支配解作为最终的 Pareto 解集。

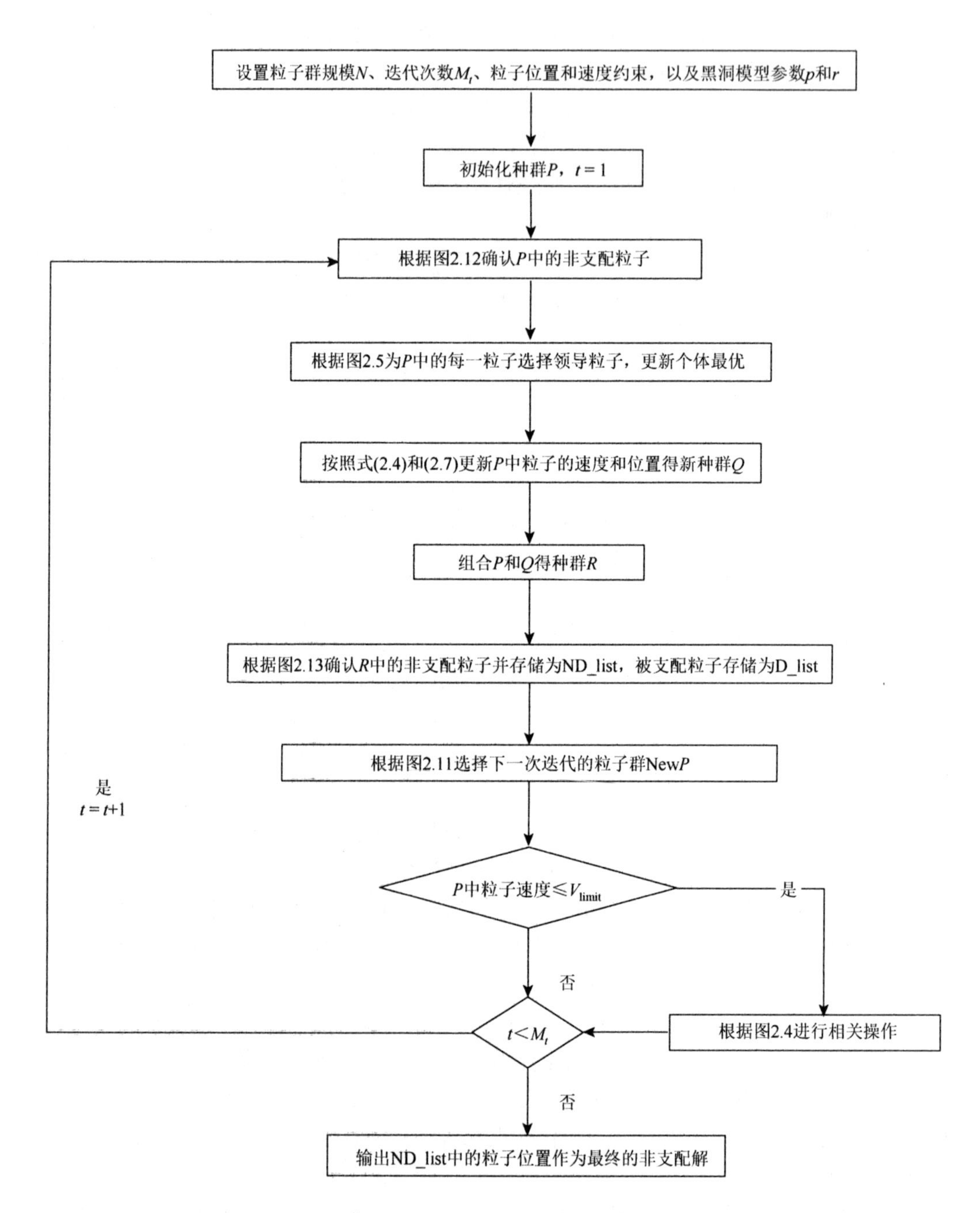

图 2.12　CAMPSO 算法流程图

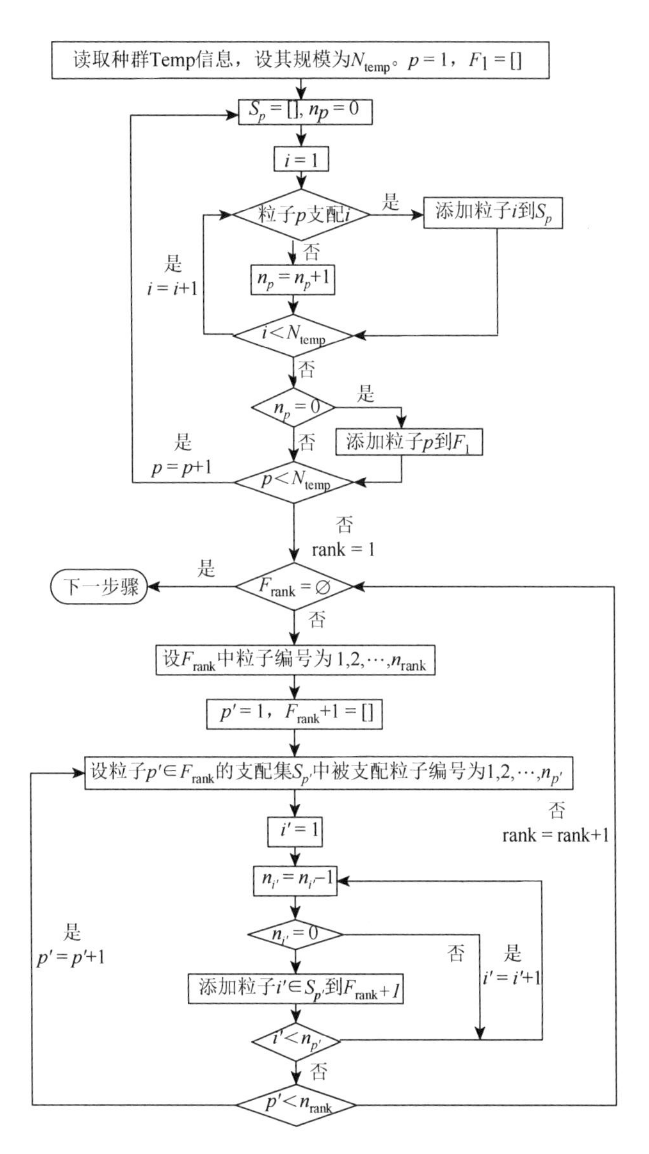

图 2.13　非支配排序示意图

2.7　CAMPSO 算法性能验证及分析

由于多目标进化算法很难从理论上分析出其性能参数，研究者只能通过仿真实验来验证算法的性能[157]。多目标优化需同时满足两点：①收敛到真实的 Pareto 前沿；②保持 Pareto 解的多样性，使其在 Pareto 前沿分布均匀。

为验证 CAMPSO 算法的性能，本节选择具有不同特点的多目标优化测试函数 ZDT1-ZDT4、SCH 和 FON[145]进行仿真，通过图示近似 Pareto 前沿来直观比较算法的性能；为了同时评估解的收敛性和解分布多样性指标，本节采用 Deb 等人[145]提出的 Υ和 Δ 两个指标衡量算法的收敛性和解的多样性。Υ表示收敛性指标，值越小，解的收敛性越好；Δ 表示分散度指标，值越小，表明解的多样性越好。仿真实验中，$w_0=0.3$，$V_{\text{limit}}=0.2V_{\max}$，$\beta=0.1$，$N=100$，$M_t=250$，$r=0.01$，$p=0.1$。

ZDT 系列测试函数定义如式（2.10）～（2.14）所示。

$$\begin{aligned}&\boldsymbol{X}=[x_1,x_2,\cdots,x_D]^{\mathrm{T}}\\&\min\ \boldsymbol{F}(\boldsymbol{X})=[f_1,f_2]^{\mathrm{T}}\\&\text{s.t.}\begin{cases}f_1=x_1\\f_2=g(x_2,x_3,\cdots,x_D)h(f_1,g(x_2,x_3,\cdots,x_D))\end{cases}\end{aligned}\tag{2.10}$$

凸函数 ZDT1：

$$\begin{aligned}g(x_2,x_3,\cdots,x_D)&=1+9\sum_{d=2}^{D}\frac{x_d}{D-1},\quad D=30,\ x_d\in[0,1]\\h(f_1,g(x_2,x_3,\cdots,x_D))&=1-\sqrt{f_1/g(x_2,x_3,\cdots,x_D)}\end{aligned}\tag{2.11}$$

非凸函数 ZDT2：

$$\begin{aligned}g(x_2,x_3,\cdots,x_D)&=1+9\sum_{d=2}^{D}\frac{x_d}{D-1},\quad D=30,\ x_d\in[0,1]\\h(f_1,g(x_2,x_3,\cdots,x_D))&=1-\left[\frac{f_1}{g(x_2,x_3,\cdots,x_D)}\right]^2\end{aligned}\tag{2.12}$$

非连续函数 ZDT3（求解不同系列的解变得较为困难）：

$$\begin{aligned}g(x_2,x_3,\cdots,x_D)&=1+9\sum_{d=2}^{D}\frac{x_d}{D-1},\quad D=30,\ x_d\in[0,1]\\h(f_1,g(x_2,x_3,\cdots,x_D))&=1-\sqrt{f_1/g(x_2,x_3,\cdots,x_D)}-f_1\sin(10\pi f_1)/g(x_2,x_3,\cdots,x_D)\end{aligned}\tag{2.13}$$

多峰函数 ZDT4（多重局部 Pareto 前端导致很多算法都难以收敛到真实解）：

$$\begin{aligned}g(x_2,x_3,\cdots,x_D)&=1+9\sum_{d=2}^{D}\frac{x_d}{D-1},\quad D=10,\ x_1\in[0,1]\\h(f_1,g(x_2,x_3,\cdots,x_D))&=1-\sqrt{\frac{f_1}{g(x_2,x_3,\cdots,x_D)}},\quad x_d\in[-5,5],d=2,3,\cdots,D\end{aligned}\tag{2.14}$$

变量维数为 1 的非凸函数 SCH：

$$\begin{aligned}&\min\ \boldsymbol{F}(\boldsymbol{X})=[f_1,f_2]^{\mathrm{T}}\\&\text{s.t.}\begin{cases}x\in[-10^3,10^3]\\f_1=x^2\\f_2=(x-2)^2\end{cases}\end{aligned}\tag{2.15}$$

变量维数为 3 的凸函数 FON：

$$
\begin{aligned}
&\boldsymbol{X}=[x_1,x_2,x_3]^{\mathrm{T}} \\
&\min\ \boldsymbol{F}(\boldsymbol{X})=[f_1,f_2]^{\mathrm{T}} \\
&\text{s.t.}\ \begin{cases} x_d\in[-4,4], d=1,2,3 \\ f_1=1-\exp\left[-\sum_{d=1}^{3}\left(x_d-\frac{1}{\sqrt{3}}\right)^2\right] \\ f_2=1+\exp\left[-\sum_{d=1}^{3}\left(x_d+\frac{1}{\sqrt{3}}\right)^2\right] \end{cases}
\end{aligned}
\tag{2.16}
$$

2.7.1　三种主要策略的有效性验证

2.3～2.5 节所述策略相辅相成，首先图示三种主要策略：随机黑洞机制、扰动机制和逐步淘汰策略的有效性。某一次 CAMPSO 所求得的测试函数的近似 Pareto 最优前沿与真实 Pareto 前沿对比如图 2.14 所示。可见，CAMPSO 算法以很高的精度收敛到真实

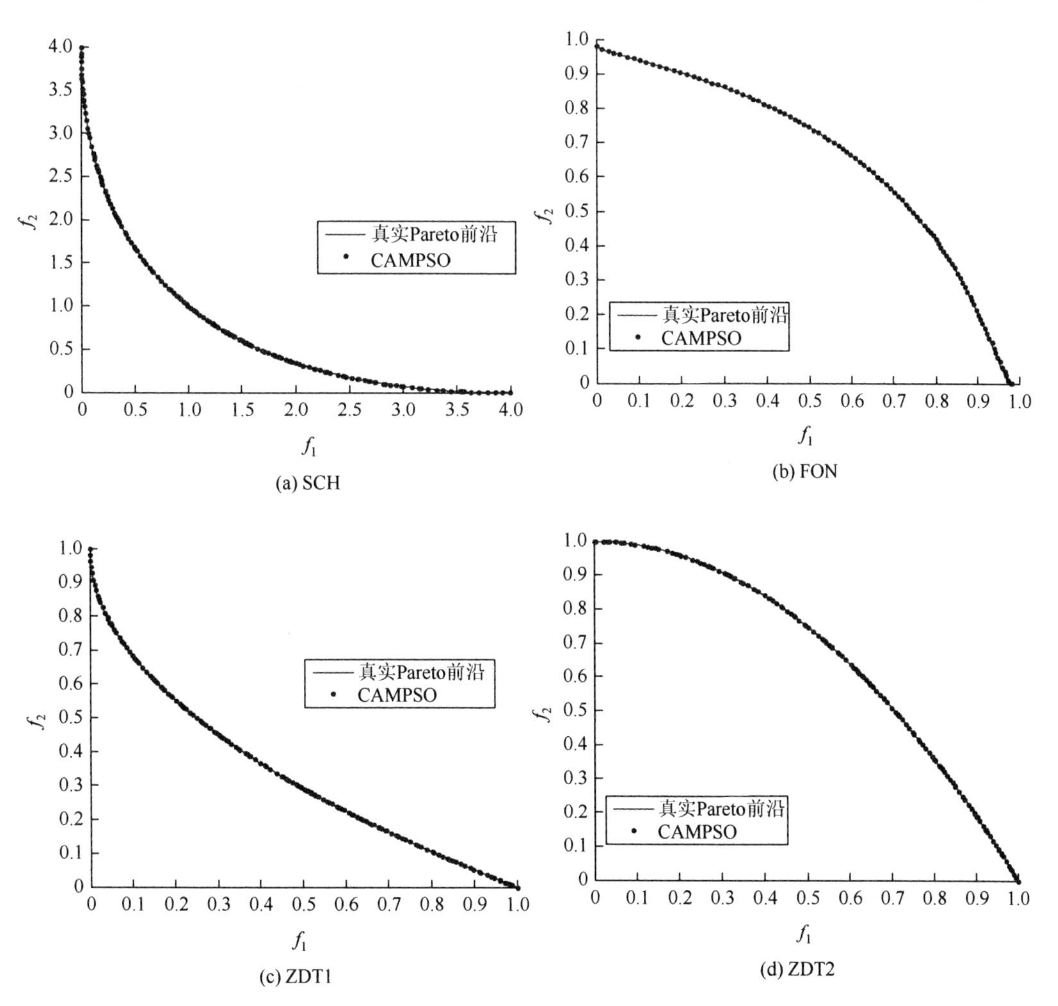

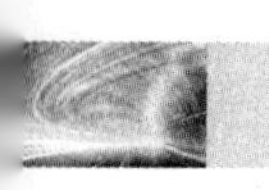

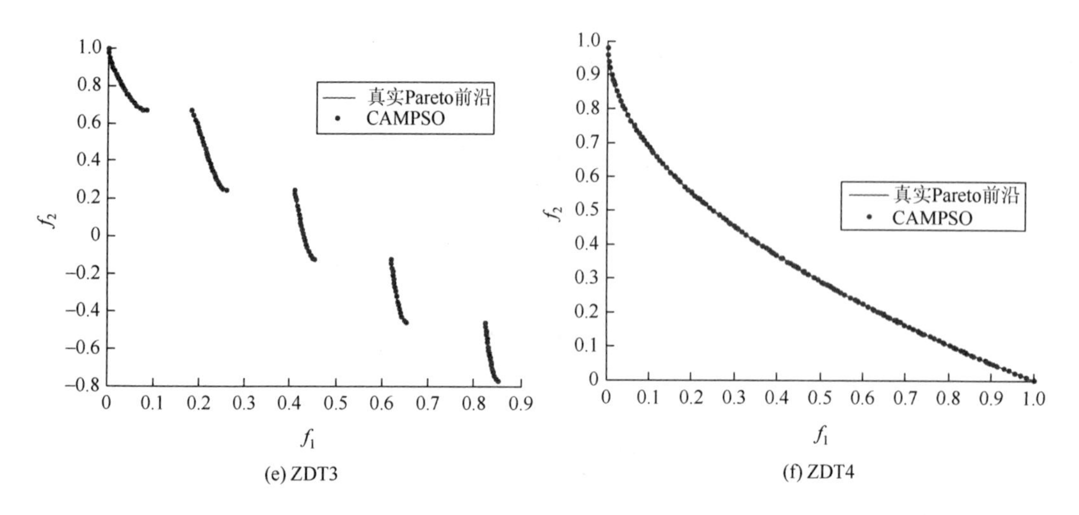

图 2.14　CAMPSO 算法在测试函数上的 Pareto 前沿

的 Pareto 前沿，所获得的 Pareto 解分布均匀，具有良好的多样性。

CAMPSO 算法多样性得到加强的重要策略是逐步淘汰策略。自适应权重粒子群优化算法（adaptive weighted particle swarm optimization，AWPSO）[147]和自适应进化多目标粒子群优化算法（adaptive evolutionary particle swarm optimization，AEPSO）[148]分别采用随机选择和拥挤距离排序选择下一次迭代的粒子，与随机选择和根据拥挤度排序选择不同，逐步淘汰策略避免了随机选择法带来的随机性缺陷以及拥挤距离排序造成的部分被选择的解过于稀疏的缺陷，能够通过逐步“淘汰”实现“选择”，使得最终的 Pareto 解分布均匀，多样度性能指标得以提高，可与图 2.15 和 2.16 中 AWPSO 和 AEPSO 得到的近似 Pareto 前沿比较得到验证。

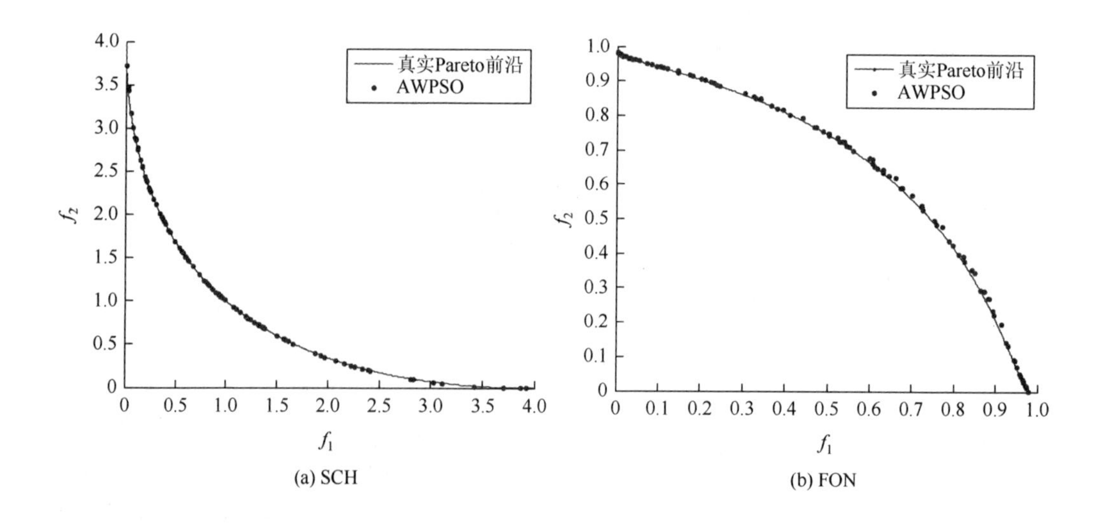

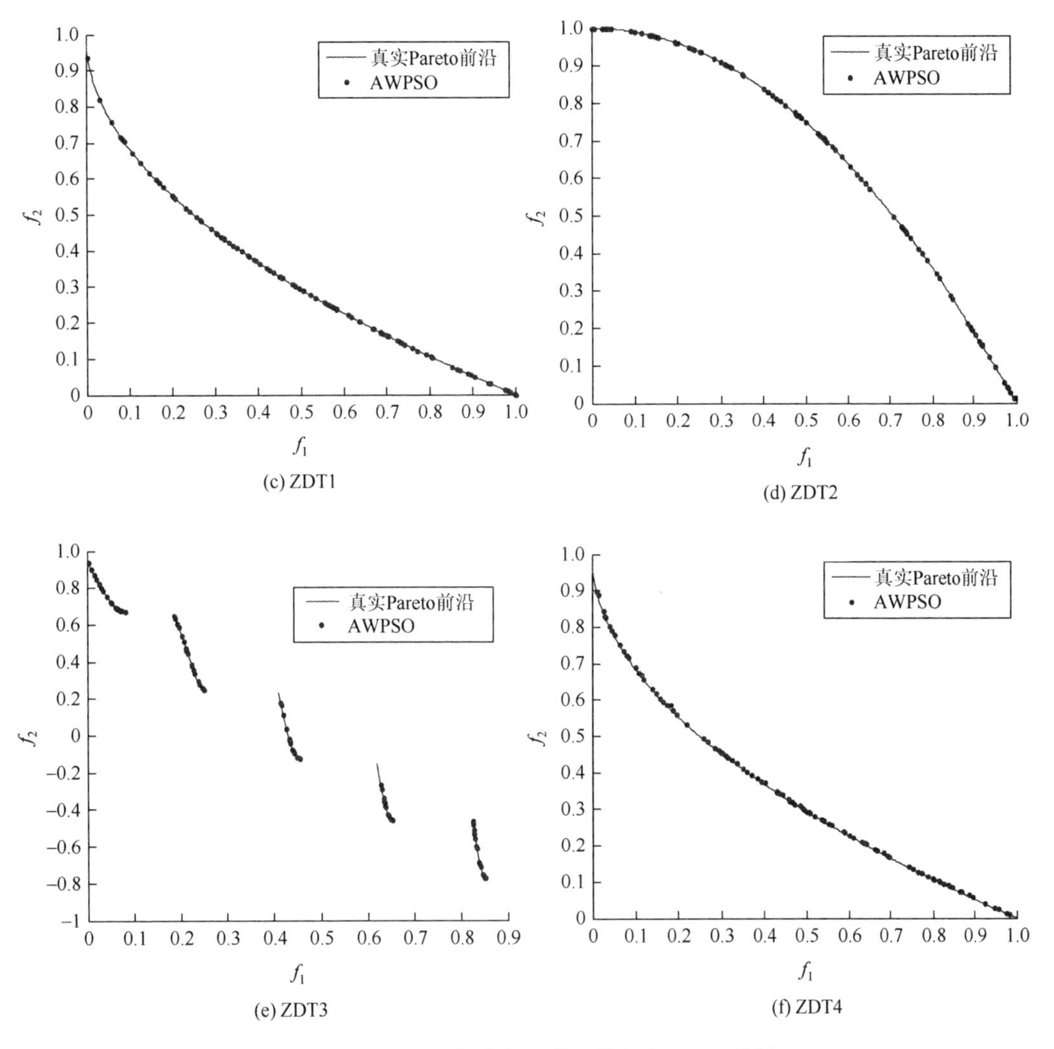

图 2.15　AWPSO 算法在测试函数上的 Pareto 前沿

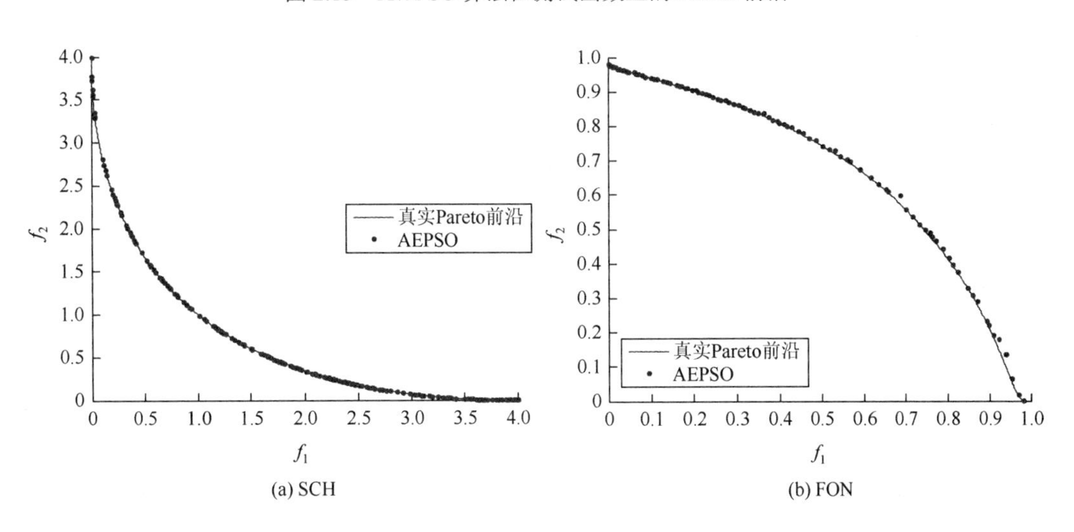

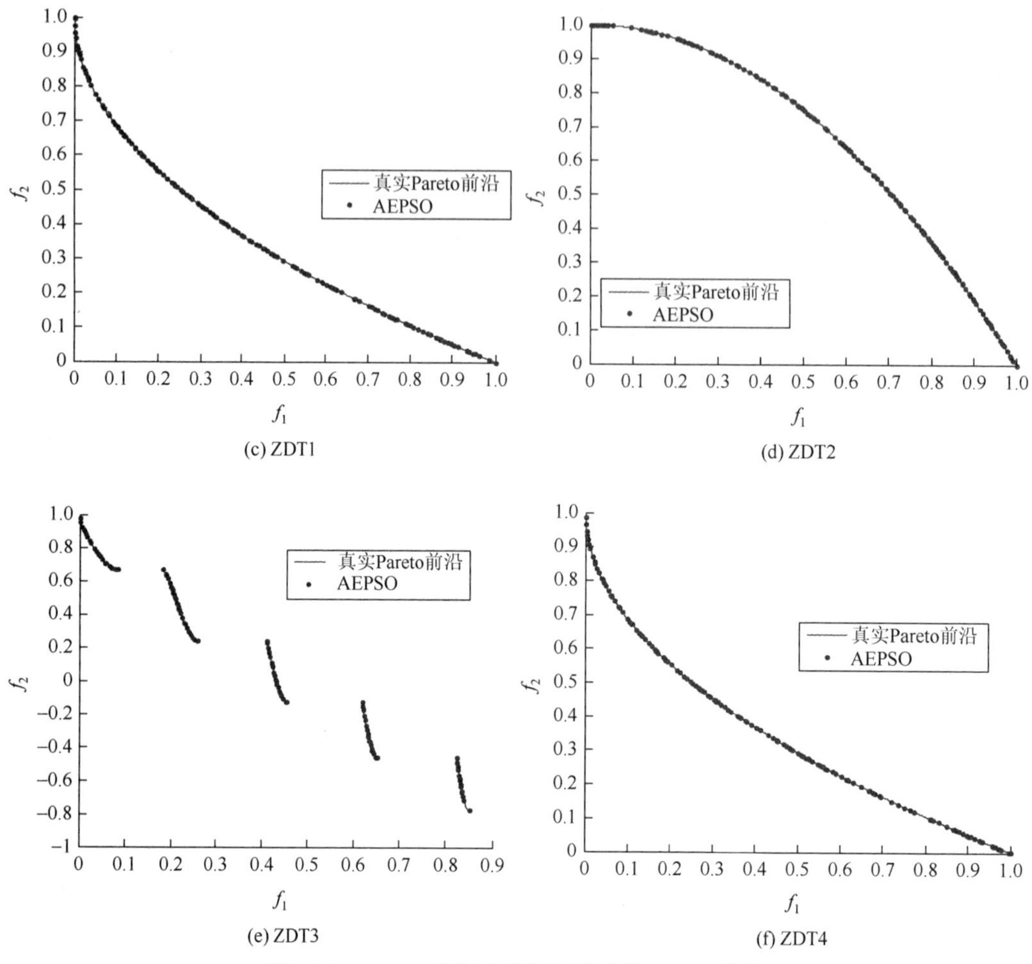

图 2.16　AEPSO 算法在测试函数上的 Pareto 前沿

与图 2.14 相比，随机法所得的 Pareto 解分布均匀性最差，多样性不佳，个别 Pareto 解偏离了真实 Pareto 前沿；拥挤距离排序法改善了所得解的多样性，解的分布性较好，但仍有部分没有覆盖真实的 Pareto 前沿，解的分布疏密不均。可见，引入黑洞概念和逐步淘汰策略使得 CAMPSO 能够找到 AWPSO 和 AEPSO 所找不到的 Pareto 解，使所获得的 Pareto 解分布性更好，对提高 Pareto 解的收敛性和多样性确实起到了积极作用。

2.4 节中已述，引入基于群体感应的扰动机制并产生新的领导粒子潜在地有助于种群避免陷入局部最优、增强种群的开拓能力。以 ZDT3 和 ZDT4 两测试函数为例，如图 2.17 为没有引入扰动机制的三种算法确认出的 Pareto 前沿。由此可见，扰动机制的引入可避免种群早熟收敛于局部最优，极大地改善了算法的收敛性。

2.7.2　CAMPSO 算法性能综合评价

为了更全面、客观地评价所提算法的性能，将 CAMPSO 算法与典型的同类算法：非

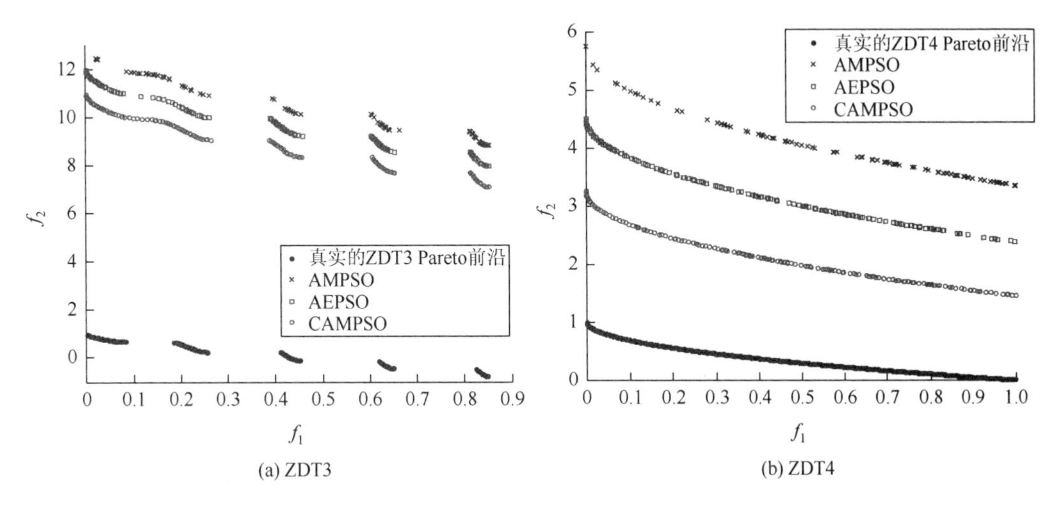

图 2.17　没有扰动机制时确认出的 ZDT3 和 ZDT4 的 Pareto 前沿

支配排序遗传算法Ⅱ（non-dominated sorting genetic algorithm Ⅱ，NSGA-Ⅱ）[145]、多目标粒子群优化（multiobjective particle swarm optimization，MOPSO）[158]算法、基于改进混沌优化的多目标遗传算法（chaotic optimization multi-objective optimization genetic algorithm，CMGA）[159]、基于局部搜索与混合多样性策略的多目标粒子群（a local search and hybrid diversity strategy based multi-objective particle swarm optimization algorithm，LH-MOPSO）[143]算法和基于粒子群算法的改进多目标文化算法（improvedmulti-objective cultural algorithm based on particle swarm optimization，PSO-IMOCA）[160]等进行比较，本章算法参数如前所述，算法独立运行 30 次，计算收敛度 Υ 和多样度 Δ 的平均值和方差，统计结果如表 2.2 和 2.3 所示。表中，Mean 为均值，Var 为方差，—为参考文献中无该项统计结果。

表 2.2　收敛度 Υ 性能指标比较

函数	值	NSGA-Ⅱ	MOPSO	CMGA	LH-MOPSO	PSO-IMOCA	CAMPSO
SCH	Mean	0.003 39	0.011 48	—	—	0.003 10	0.000 14
	Var	0.000 00	0.000 00	—	—	0.000 00	0.000 00
FON	Mean	0.001 93	0.001 22	—	—	0.001 70	0.000 14
	Var	0.000 00	0.000 00	—	—	0.000 00	0.000 00
ZDT1	Mean	0.033 48	0.001 33	0.001 03	0.002 1	0.001 10	0.000 15
	Var	0.004 75	0.000 00	0.000 00	—	0.000 00	0.000 00
ZDT2	Mean	0.072 39	0.000 89	0.000 61	0.002 7	0.000 79	0.000 08
	Var	0.031 69	0.000 00	0.000 00	—	0.000 00	0.000 00
ZDT3	Mean	0.114 50	0.004 18	0.004 24	0.005 9	0.001 30	0.000 61
	Var	0.007 94	0.000 00	0.000 00	—	0.000 00	0.000 00
ZDT4	Mean	0.513 05	7.374 29	0.486 35	0.481 1	—	0.000 17
	Var	0.118 46	5.482 86	1.10750	—	—	0.000 00

表 2.3 多样度 Δ 性能指标比较

函数	值	NSGA-Ⅱ	MOPSO	CMGA	LH-MOPSO	PSO-IMOCA	MRBHPSO-SE
SCH	Mean	0.477 90	0.760 97	—	—	0.024 90	0.631 54
	Var	0.003 47	0.016 43	—	—	0.000 01	0.000 62
FON	Mean	0.378 07	0.849 43	—	—	0.019 60	0.737 49
	Var	0.000 64	0.000 16	—	—	0.000 00	0.000 12
ZDT1	Mean	0.390 31	0.681 32	0.302 98	0.4088	0.023 50	0.562 21
	Var	0.001 88	0.013 35	0.001 12	—	0.000 01	0.000 88
ZDT2	Mean	0.430 78	0.639 22	0.323 81	0.3803	0.023 30	0.516 50
	Var	0.004 72	0.001 14	0.001 54	—	0.000 01	0.000 62
ZDT3	Mean	0.738 54	0.831 95	0.317 89	0.5607	0.016 00	0.475 33
	Var	0.019 71	0.008 92	0.000 18	—	0.000 01	0.000 04
ZDT4	Mean	0.702 61	0.961 94	0.489 62	0.4089	—	0.541 92
	Var	0.064 62	0.001 14	0.013 56	—	—	0.000 76

算法在求解这 6 个测试函数时所得到的收敛度均值和方差值均优于其他算法，Pareto 解集更接近真实的 Pareto 前沿，具有良好的收敛性，尤其表现在 ZDT3 和 ZDT4 上。ZDT3 的真实 Pareto 前沿为非连续函数，这使得求解不同系列的解变得较为困难；ZDT4 则是一个多峰函数，多重局部 Pareto 前端导致很多算法都难以收敛到真实解，根据图 2.10 和表 2.2 数据可见，本章算法能够收敛到两个测试函数的 Pareto 前端。CGMA 和 LH-MOPSO 分别采用改进的 tent 混沌映射和局部搜索策略改善多目标算法的收敛性，本章所提算法的收敛性比这两种算法在所有测试函数上的收敛性能指标至少高一个数量级，一方面得益于引入随机黑洞机制增加新的搜索区域，另一方面也得益于扰动机制的引入及采用动态惯性权重策略和动态选择领导粒子策略保证种群的全局寻优能力。如图 2.13 所示，以 ZDT3 和 ZDT4 两个测试函数为例，AMPSO、AEPSO 和 CAMPSO 都没有采取扰动机制时，三种算法均不能收敛到真实的 Pareto 前沿。

从算法多样性能来看，前面已经指出其余所有策略一致时，逐步淘汰策略对算法多样度性能指标的贡献大于随机选择和拥挤度排序法，而根据表 2.2，虽然采用逐步淘汰策略的本章算法在所有测试函数上均优于 MOPSO，但是仅在 ZDT3 和 ZDT4 优于 NSGA-Ⅱ，而其余则多样性能指标相当，且多样度指标比 PSO-IMOCA 差。除算法求解的 Pareto 解多样度不能单靠一种策略来保证外，值得注意的是，PSO-IMOCA 和 LH-MOPSO 均是对输出 Pareto 解的个数予以限制，当大于规定规模时，采取策略删除多余的解。若本章算法对输出 Pareto 解的限制规模为 100，则 ZDT1～ZDT4 的多样度依次为 0.158 95、0.156 26、0.421 40 和 0.162 89，优于 NSGA-Ⅱ、MOPSO、CMGA 和 LH-MOPSO。

因此，CAMPSO 能够同时兼顾收敛性和多样性，在保证良好的收敛性的同时，也保证所得 Pareto 解的多样性。

2.8 本章小结

本章基于群智能和 Pareto 支配关系，提出一种能够求解复杂多目标优化问题的 CAMPSO 算法，并验证和分析了其性能。CAMPSO 算法的特色在于以下三点。

（1）引入随机黑洞机制和动态惯性权重策略平衡粒子群的开拓与探索能力，使算法以较高的精度逼近真实的 Pareto 前沿。

（2）引入基于细菌群体感应机理的扰动机制和动态选择领导粒子策略以保证种群的多样性，增强种群的开拓能力。

（3）改进 NSGA-Ⅱ拥挤距离排序策略，提出逐步淘汰策略并应用于下一次迭代粒子的选择策略中，提高了 Pareto 解的多样性和分布均匀性。

因此，CAMPSO 算法有效避免：①仅借助于粒子群本身进化特性辅之以变异操作的方法不足以有效解决收敛性；②NSGA-Ⅱ拥挤距离排序没有考虑到当某个解被淘汰后对邻解拥挤距离的影响等问题。

典型测试函数的仿真结果及与代表性的多目标优化算法比较表明，CAMPSO 算法能更好地逼近真实 Pareto 前沿，且所搜索到的 Pareto 解的多样性好，分布性均匀，能够较好地兼顾算法的收敛性和多样性指标，为后续第 3～5 章求解复杂的电力系统多目标优化问题提供了有力的优化工具。

第3章

分布式电源在配电网中的多目标优化配置

3.1 引　言

目前全世界的电力系统都是以大机组、大电网和高电压为主要特征的集中式单一供电系统，大电网与 DG 相结合已被世界许多能源、电力专家公认为是能够节省投资、降低损耗、提高电力系统可靠性和灵活性的方式。然而，无论是放射状还是网状配电系统，都是以没有接入任何电源为基础而设计和运行的。

简单以图 3.1 为例，DG 接入位置和容量对网损和节点电压的影响如图 3.2 所示，可

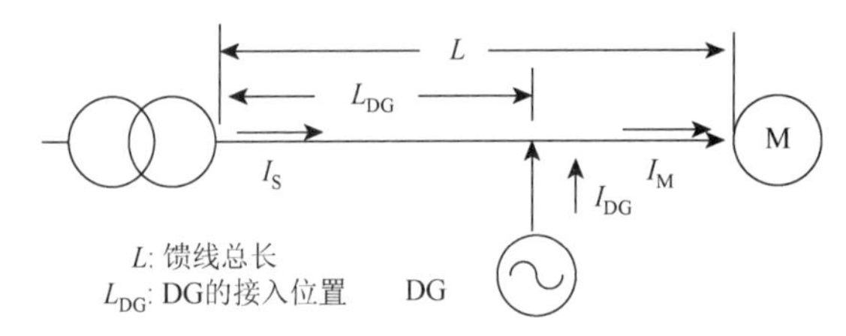

图 3.1　接入 DG 的配电网简单模型

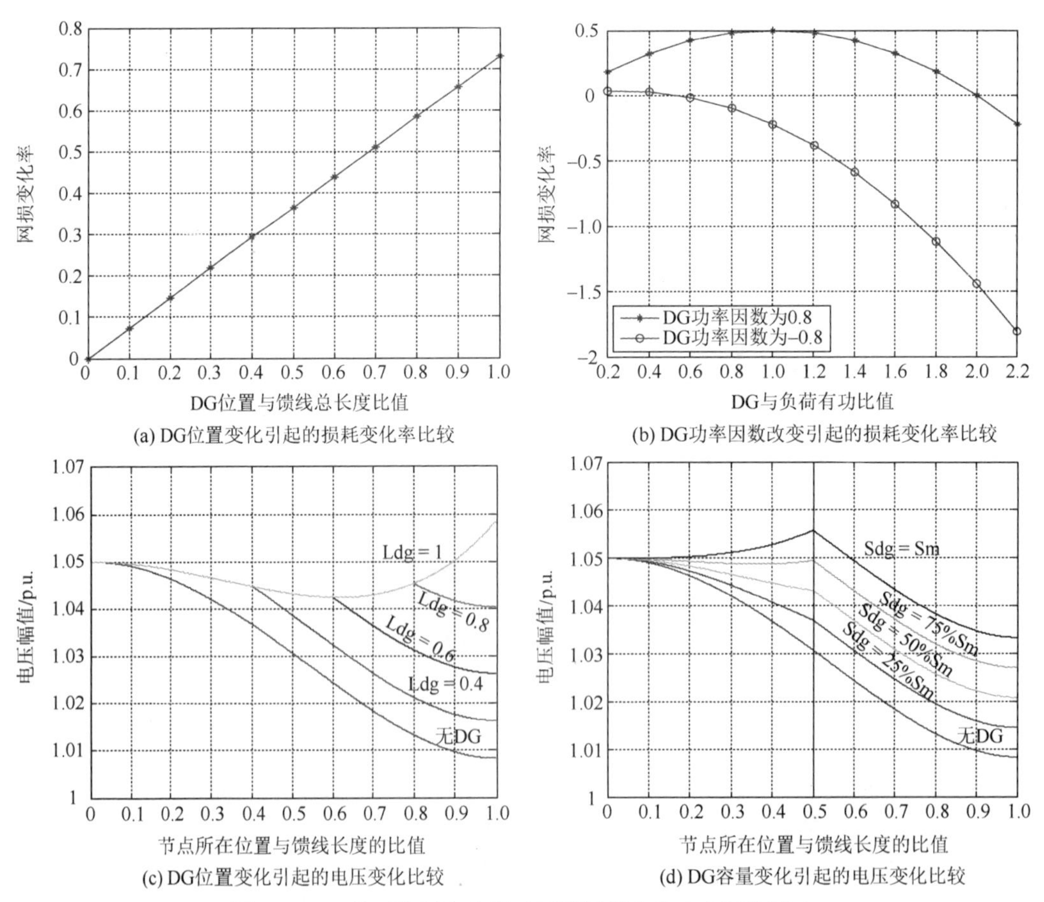

图 3.2　DG 并网位置和容量对配网网损和节点电压的影响

见，DG 并网对配电网的影响与接入位置和注入容量密切相关。DG 配置合理可以有效地降低系统有功损耗，改善电压水平，提高系统负荷率等；否则，将严重影响电网的经济性、安全性和可靠性[17]。

图 3.3 为某县 11 个变电站 35 kV 母线在 18 座小水电并网后枯水期高负荷和丰水期低负荷时的电压幅值。不难发现，虽然小水电有效利用了水资源，一定程度上缓解了电力紧张的局面，但是从全局考虑，由于不合适的接入点及不适当的容量，造成了网络电压水平严重超标的现象。因此，如何在配电网中确定合理的 DG 配置以求 DG 配置价值的最大实现，成为目前 DG 并网的重要课题。

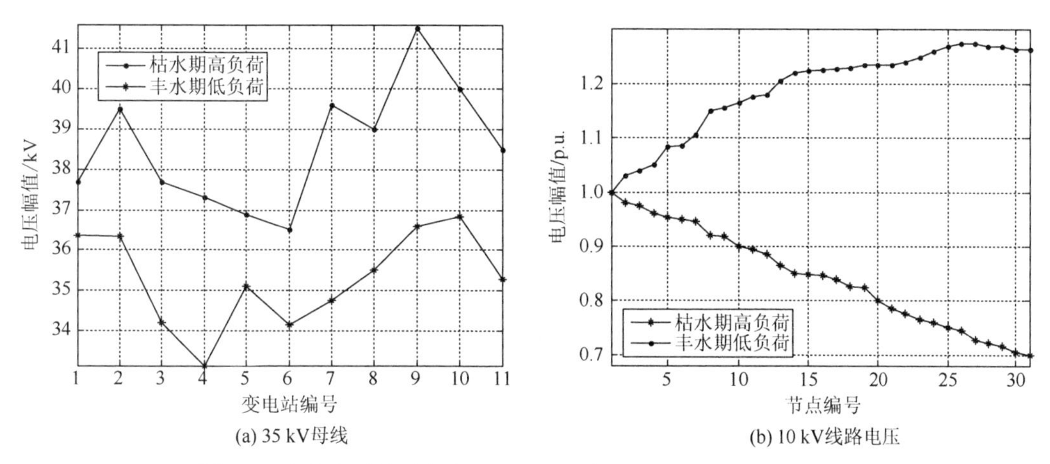

图 3.3　小水电对某县变电站 35 kV 母线和 10 kV 线路电压的影响

对 DG 接入配电网进行合理的配置有利于减小 DG 对电力系统的不利影响，提高电网电压质量、稳定极限及输电能力[161]。DG 合理的安装位置和额定容量必须满足诸多限制条件，将该问题转化为优化问题进行求解具有较好的应用前景，优化的主要目标是选择合适的 DG 接入点以及调控接入容量，在满足限制条件的基础上，达到最优运行需求。从不同角度看，DG 优化配置问题可以描述为各种目标不同的 DG 优化配置计算模型。例如，从投资成本角度，可以配电网投资和运行费用最小化为目标；从可靠性角度，可以停电损失最小为优化目标；从降损角度，可以配电网损耗最小为优化目标；从节能环保角度，可以 DG 安装容量最大为目标。若综合考虑多个优化目标，可形成具有综合优化性能的 DG 优化配置模型。

虽然目前对 DG 在配电网中的优化配置研究很多，但是仍然存在很多问题。在优化目标上考虑问题比较单一，而在考虑多目标时，往往又简单地将多目标优化问题转化为单目标优化问题。同时，配电网中用户对电力供应有不同的需求，如对电能质量比较敏感的电气设备，它对电压水平有较高的要求，医院和交通设施等对电力供应的可靠性要求较高，如何在 DG 优化配置中考虑到特殊用户的偏好是一个很现实的问题。另外，虽然智能算法对求解优化问题有一定的优势，但是其收敛速度和精度以及局部最优问题依然有待改进。因此，针对含 DG 的配电网优化配置问题主要从多目标综合优化模型及其求解算法上进行阐述，这是本章的重点。

本章提出含电压偏好策略和可靠性偏好策略的 DG 并网多目标优化模型和求解策略，并仿真验证所提模型的正确性和优越性，以及 CAMPSO 算法应用的有效性。

3.2 多目标优化配置数学模型

分布式发电具有发电方式灵活、能源利用效率高和环境污染小等优点，但是从表 3.1 也可以看出，大部分可再生能源发电一般具有高投资的特点[46, 162, 163]。传统发电成本包括建设、安装成本和运行成本，如果不计及环境成本，分布式发电所带来的环境效益没有得到价值体现。因此，本章建立 DG 多目标优化配置模型，目标函数考虑最小化配电网网损、最大化系统稳定性和最小化计及环境效益的投资和运行成本。

表 3.1 各种发电技术的安装成本、电量成本和污染气体排放数据

发电技术	发电规模/kW	安装、投资成本/(美元/kW·h)	电量成本/(美元/kW·h)	污染气体排放/（g/kW·h）			
				SO_2	NO_x	CO_2	CO
传统火力	—	—	0.045	6.48	2.88	623	0.108 3
风力	20～2000	1000～1500	0.055～0.150	0	0	0	0
太阳能	1～100	1500～6500	0.150～0.200	0	0	0	0
燃料电池	5～2000	3000～4000	0.100～0.150	0	<0.023	635.04	0.054 4
微燃气轮机	25～75	1000～1500	0.075～0.100	0.000 928	0.618 8	184.082 9	0.170 2

3.2.1 目标函数

电力系统运行的经济性对于企业效益和社会效益具有十分重要的意义，因而从经济利益的角度减少系统有功损耗十分必要。DG 配置不合理会增加网损，使线路过热，因此网损是 DG 优化配置需要考虑的一个关键指标。虽然网损不能完全消除，但可以将其降低到可以接受的水平。另外，降低网损对于保护线路、减小电压降和改善电压水平等有积极的作用，并带来其他环境和经济效益[11]。基于以上考虑，DG 多目标优化配置模型的第一个目标函数为最小化系统有功损耗 f_{loss}，其数学表达式为

$$\min f_{\text{loss}} = \sum_{k=1}^{N_{\text{bra}}} G_{k(i,j)}[V_i^2 + V_j^2 - 2V_iV_j\cos(\theta_i - \theta_j)] \tag{3.1}$$

式中 N_{bra} 为系统支路总数；G_k 为连接节点 i 和 j 的支路 k 的电导；V 和 θ 分别为节点电压幅值和电压相位。

如图 3.2 和 3.3 所示，DG 的接入会对配电网的节点电压产生很大的影响，不合理的配置将不可避免地严重影响电压水平的稳定性，使配电网承受负荷增长的能力受到限制[164]。

配电网在现代社会中总是面临着负荷不断增加、负荷每天忽高忽低变化的问题，尤其是一些工业区，随着负荷的增长，配电系统的电压稳定性会下降，网络存在电压崩溃的危险[165,166]。因此，电压稳定性对于系统安全稳定运行非常重要，通常用电压稳定指标（voltage stability index，VSI）来表征系统电压稳定性。文献[165,166]对配网中 VSI 进行了详细分析。对于支路 k，修改后的 VSI 可以表示为

$$\mathrm{VSI}_k = 4[(X_{ij}P_j - R_{ij}Q_j)^2 + (X_{ij}Q_j + R_{ij}P_j)V_i^2]/V_i^4 \tag{3.2}$$

式中 R_{ij} 和 X_{ij} 分别为支路 k 的电阻和电抗；P_j 和 Q_j 分别为支路 k 的接收端点 j 的有功功率和无功功率。

整个配电系统的电压稳定指标 f_{VSI} 定义为所有支路电压稳定指标最大者，即

$$\min f_{\mathrm{VSI}} = \max\{\mathrm{VSI}_1, \mathrm{VSI}_2, \cdots, \mathrm{VSI}_{N_{\mathrm{bra}}}\} \tag{3.3}$$

与此对应的支路称为系统最薄弱支路，当系统稳定时，最薄弱支路对应的值一定小于 1。而当系统发生电压崩溃时，一定是从最薄弱支路开始的，可以根据 f_{VSI} 的值与临界值 1 的距离来判断系统电压稳定的程度，即 f_{VSI} 越小电压稳定性越好，越大电压稳定性越差，当 f_{VSI} 接近 1 时系统电压崩溃。

DG 的主要类型有风力、光伏、燃气轮机和燃料电池发电等，与传统的火力发电相比在投资、环保和发电方式等方面都具有优势。如果不计及环境成本，大部分分布式能源发电一般具有高投资、低运行和维护成本、零燃料成本的特点。因此，有必要在分布式发电电量成本中考虑其环境效益，即分别在传统火力发电和分布式发电成本中考虑环境成本，从而促使发电企业降低环境成本，并为环保部门治理环境筹集部分资金[15, 46]。本章考虑的第三个目标函数为最小化一年的发电成本 C_{Gen} 与环境成本 C_{Env} 之和，即

$$\min f_{\mathrm{cost}} = C_{\mathrm{Gen}} + C_{\mathrm{Env}} \tag{3.4}$$

文献[162]指出，对于可再生的分布式能源的单位电量成本等于单位发电量的投资成本与运行和维护费用之和。假设系统中含传统发电和分布式发电共 M_G 种发电技术，并设第 m 种发电方式的单位发电量所耗用的燃料费用为 $C_{f,m}$（对于可再生分布式能源，$C_{f,m}=0$），则第 m 种发电方式和 M_G 种发电方式一年的发电成本可分别表示为

$$C_{\mathrm{unit},m} = \frac{r(1+r)^{T_m}}{(1+r)^{T_m}} \frac{C_{\mathrm{ING},m}}{87.6k_{G,m}} + C_{\mathrm{OM},m} + C_{f,m} \tag{3.5}$$

$$C_{\mathrm{Gen}} = \sum_{m=1}^{M} a_m C_{\mathrm{unit},m} E_{G,m}, \quad \sum_{m=1}^{M} a_m = 1 \tag{3.6}$$

式中 r 为固定年利率；T 为投资偿还期，一般等于设备的使用年限；C_{ING} 为安装/投资成本；k 为平均容量系数；C_{OM} 为运行和维护成本；$E_{G,m}$ 为第 m 种发电方式一年的发电量；α_m 为总平均能量输出中第 m 种发电方式所占的比例系数；$C_{\mathrm{unit},m}$ 为单位电量成本。

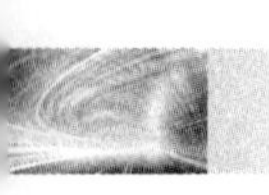

因发电所排放气体的环境成本，主要包括以下两方面[46, 163]。

（1）由于气体排放造成环境质量下降，这部分可以用排放气体的价值成本 C_{Venv} 表示。

（2）排放气体污染受到环保部门的罚款，可以用惩罚成本 C_{Penv} 表示。

因此 M 种发电方式一年的环境成本可表示为

$$C_{\text{Env}} = C_{\text{Venv}} + C_{\text{Penv}} = \sum_{m=1}^{M} \alpha_m E_{\text{DG},m} \sum_{g=1}^{i} Q_{\text{em},g,m}(V_{\text{ENV},g} + P_{\text{ENV},g}) \tag{3.7}$$

式中 G 为污染物种类数；$Q_{\text{em},g,m}$ 为第 m 种发电方式发 1 kW·h 的电排放的第 g 类污染物量，单位为 kg/(kW·h)；$V_{\text{ENV},g}$ 和 $P_{\text{ENV},g}$ 分别为第 g 类污染物的环境价值和惩罚标准，单位为美元/kg。

3.2.2 约束条件

考虑到电网运行要求和自然条件限制，DG 优化配置要满足有功和无功功率潮流平衡方程、节点电压上下限、支路功率最大限制、安装点 DG 发电容量限制和 DG 安装总容量限制等约束条件，分别描述如下。

（1）功率平衡约束。此约束为等式约束，包含两个非线性递归等式，当 DG 并网时，功率平衡等式可表示为

$$\begin{cases} P_i + P_{\text{DG}i} - P_{Li} - V_i \sum_{j=1}^{N_{\text{bus}}} V_j (G_{ij}\cos\theta_{ij} + B_{ij}\sin\theta_{ij}) = 0 \\ Q_i + Q_{\text{DG}i} - Q_{Li} - V_i \sum_{j=1}^{N_{\text{bus}}} V_j (G_{ij}\sin\theta_{ij} + B_{ij}\cos\theta_{ij}) = 0 \end{cases} \tag{3.8}$$

式中 P_{Gi}、$P_{\text{DG}i}$、P_{Li} 和 P_i 分别为节点处 i 发电机的有功出力、DG 有功出力、有功负荷和注入的有功功率；Q_{Gi}、$Q_{\text{DG}i}$、Q_{Li} 和 Q_i 分别为节点 i 处发电机的无功出力、DG 无功出力、无功负荷和注入的无功功率。

（2）电压幅值约束。电压水平是反映供电的电能质量，电压幅值超出规定范围对网络的运行十分不利。电压约束包含所有节点电压幅值限制，对于节点 i，电压限制可表示为

$$V_{i\min} \leqslant V_i \leqslant V_{i\max} \tag{3.9}$$

式中 min 和 max 分别代表下限值和上限值。

（3）传输线路功率约束。经过支路 k 的有功功率 P_k 要小于允许的传输功率极限，即

$$P_k \leqslant P_{k\max} \tag{3.10}$$

（4）配网中 DG 安装总容量限制。

$$\sum_{i\in \text{DG安装候选节点}} P_{\text{DG}i} \leqslant \eta P_{\text{load}} \tag{3.11}$$

式中 P_{load} 为系统总的有功负荷；η 为 DG 安装总容量与系统总负荷的比值；$P_{\text{DG}i}$ 为装置节点 i 的 DG 安装容量。

（5）安装点 DG 安装容量约束。

$$P_{\text{DG}i} \leqslant P_{\text{DG}i\max} \tag{3.12}$$

式中 $P_{\text{DG}i}$ 为安装节点 i 允许安装的最大容量。

3.2.3　变量及其表达式

DG 优化配置问题中的状态变量包括节点电压和节点有功、无功，在确定决策变量之后，这些变量可以通过潮流计算求得。决策变量，如前所述，包括 DG 位置和容量。因为在此考虑恒功率因数，所以决策变量进而可以变为 DG 位置和有功功率，表示为

$$\boldsymbol{X} = [P_{\text{DG}1}, P_{\text{DG}2}, \cdots, P_{\text{DG}N_d}]^{\text{T}} \tag{3.13}$$

若 $P_{\text{DG}i} = 0$（$i = 1, 2, \cdots, N_d$），则意味着节点 i 没有配置 DG。假设 DG 容量是一系列的离散变量，设基准容量为 $P_{\text{DG}U}$，则 $P_{\text{DG}i} = 0, P_{\text{DG}U}, 2P_{\text{DG}U}, \cdots, \text{round}（P_{\text{DG}i\max} / P_{\text{DG}U}）P_{\text{DG}U}$。当用 CAMPSO 算法求解变量 X 时，设粒子群中某粒子的位置为 $\boldsymbol{X}' = [X_1, X_2, \cdots, X_{N_d}]^{\text{T}}$，$X_i \in [0,1]$，则 $P_{\text{DG}i}$ 与 X_i 之间的对应关系为

$$P_{\text{DG}i} = \text{round}(\text{round}(P_{\text{DG}i\max} / P_{\text{DG}U}) X_i) P_{\text{DG}U} \tag{3.14}$$

如果已知 DG 安装位置，求解 DG 最优容量，那么决策变量也可以通过此式表示。

如果已知 DG 安装容量，那么 DG 安装位置成为决策变量。设 $x \in [0,1]$ 和 y 分别为粒子位置和最优 DG 安装位置，DG 候选安装节点编号为 $n_1, \cdots, n_2$，则 x 与 y 之间的映射关系为

$$y = \text{round}((n_2 - n_1)x) + n_1 \tag{3.15}$$

最优决策量则可通过 3.4 节所述方法求解。

本优化配置数学模型目标函数中考虑了系统有功网损、电压稳定性指标和计及环境效益的投资、运行成本，约束条件涉及技术和配网运行要求，偏好策略满足用户或供电公司的特殊要求，综合了电力公司、用户和社会利益，有效地将 DG 配置的经济性、安全性和环保性结合起来，既适用于 DG 配置的位置和容量同时作为变量，也适用于其一作为变量。由式（3.1）和（3.8）可见，DG 优化配置具有多目标和非线性的特点，目标函数之间不是简单的线性关系，而是具有很强的非线性关系，依靠加权法不能准确地给

出它们之间的关系，不能有效地提供多样化的选择，必须寻求有效的多目标优化工具。

3.3 偏好策略

现代社会中，灵活多样化的选择能给人们带来方便，能够满足某些特定场合的需求，其优势也体现在节约成本、提高效率方面。多目标优化问题就是目标函数中考虑了不同人群的多样性需求。但是对于确定的个体，在某些指标合乎基本要求的同时，确实对个别指标有个性化的偏好需求，如 DG 所有者希望能够尽可能多地提高 DG 渗透率，而对于电力公司则更是偏好于系统的安全可靠运行，医院、交通设施希望保证供电的可靠性，有精密仪器的用户希望电力公司提供优质的电能。因此，在多目标优化问题中应考虑特殊个体的合理偏好。

3.3.1 偏好多目标优化

偏好信息分为先验、交互式和后验偏好[167]。后验偏好是指，先搜索得到一组解，然后提供给决策者选择，多数多目标优化算法采用后验偏好。交互式偏好是指，根据决策者提供的偏好信息，在不同的搜索阶段，选择个体以指导搜索过程。先验偏好是指，决策者预先给出偏好信息，把决策者提供的偏好信息并入搜索过程，设计算法找到一个或数个满足偏好信息的解。将偏好信息融入多目标优化中，从而产生一组有意义的偏好解，既降低多目标优化的计算代价，也能够满足某些特定场合的需求。偏好多目标优化更适合于实际工程应用，在实际工程中，往往可以得到用户或决策者的一些偏好信息，根据这些偏好信息，可以加速搜索过程，节约计算资源。

然而，先前诸多多目标优化均是从目标函数的角度考虑用户偏好，用户对决策变量和状态变量的偏好并不能够通过目标函数得以表达。因此，引入偏好系数来量化对变量的偏好程度，将偏好策略应用于变量的约束空间，以此满足用户对变量的特殊要求，即

$$\begin{cases} V_{UP} = V_{\max} - N_P K M_P \\ V_{LP} = V_{\min} + N_P K M_P \end{cases} \tag{3.16}$$

式中 V 为有偏好要求的决策或状态变量；$N_P = 0$ 或 1，为偏好判别因子，1 代表有电压偏好需求，0 代表没有；$K \in [0,1]$为偏好系数，取值越大对此变量的偏好要求越高，当 K 取 0 时，表明该属性无偏好需求；M_P 为最大偏好量。

式（3.16）可以根据用户的偏好需求，灵活地量化变量对应的约束条件并控制其边界以满足要求。下面以仿真验证所提偏好策略的有效性及偏好对优化结果的影响。测试函数 ZDT1～ZDT3 变量为 30 维，假设第 7、14 和 21 维变量有偏好需求，即 $N_P(n) = 1$，$n = 7$，14，21，设 $M_P(n) = 0.5$。为展示变量偏好对目标函数的影响，对偏好度 K 分别取 0、0.2、0.4 和 0.6。图 3.4 和表 3.2 总结了由 CAMPSO 算法、自适应权重粒子群优化算法（adaptive weighted particle swarm optimization，AWPSO）[147]和自适应进化多目标粒子群优化算法（adaptive evolutionary particle swarm optimization，AEPSO）[148]仿真得出的结果。图 3.4

分别绘出了采取不同偏好度时，三种算法分别确认出的三个测试函数的 Pareto 前沿与真实 Pareto 前沿的比较。表 3.2 列出了三种算法同时采取偏好策略时，在三个测试函数上的收敛性和多样性指标均值和方差。

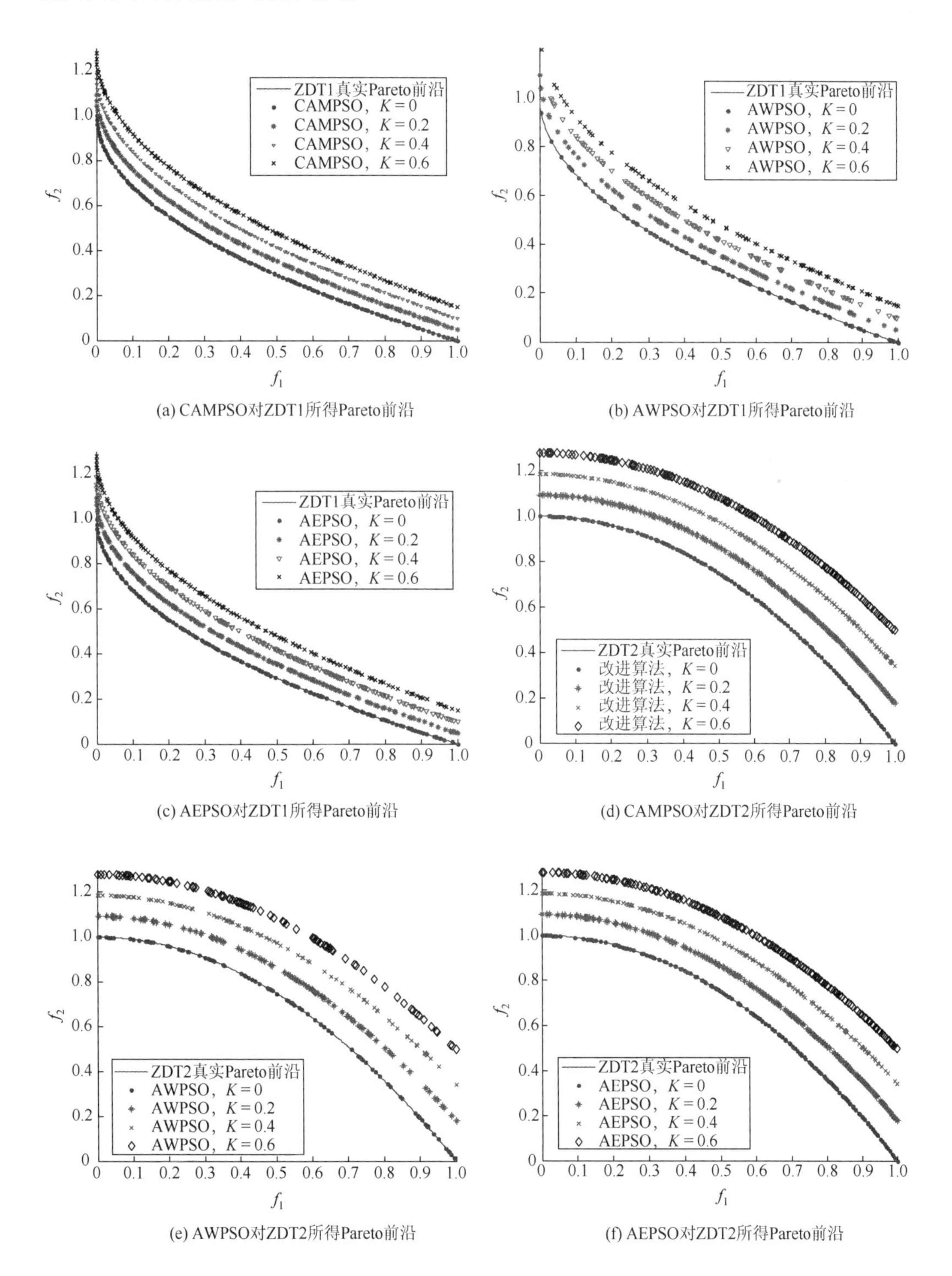

(a) CAMPSO对ZDT1所得Pareto前沿　(b) AWPSO对ZDT1所得Pareto前沿

(c) AEPSO对ZDT1所得Pareto前沿　(d) CAMPSO对ZDT2所得Pareto前沿

(e) AWPSO对ZDT2所得Pareto前沿　(f) AEPSO对ZDT2所得Pareto前沿

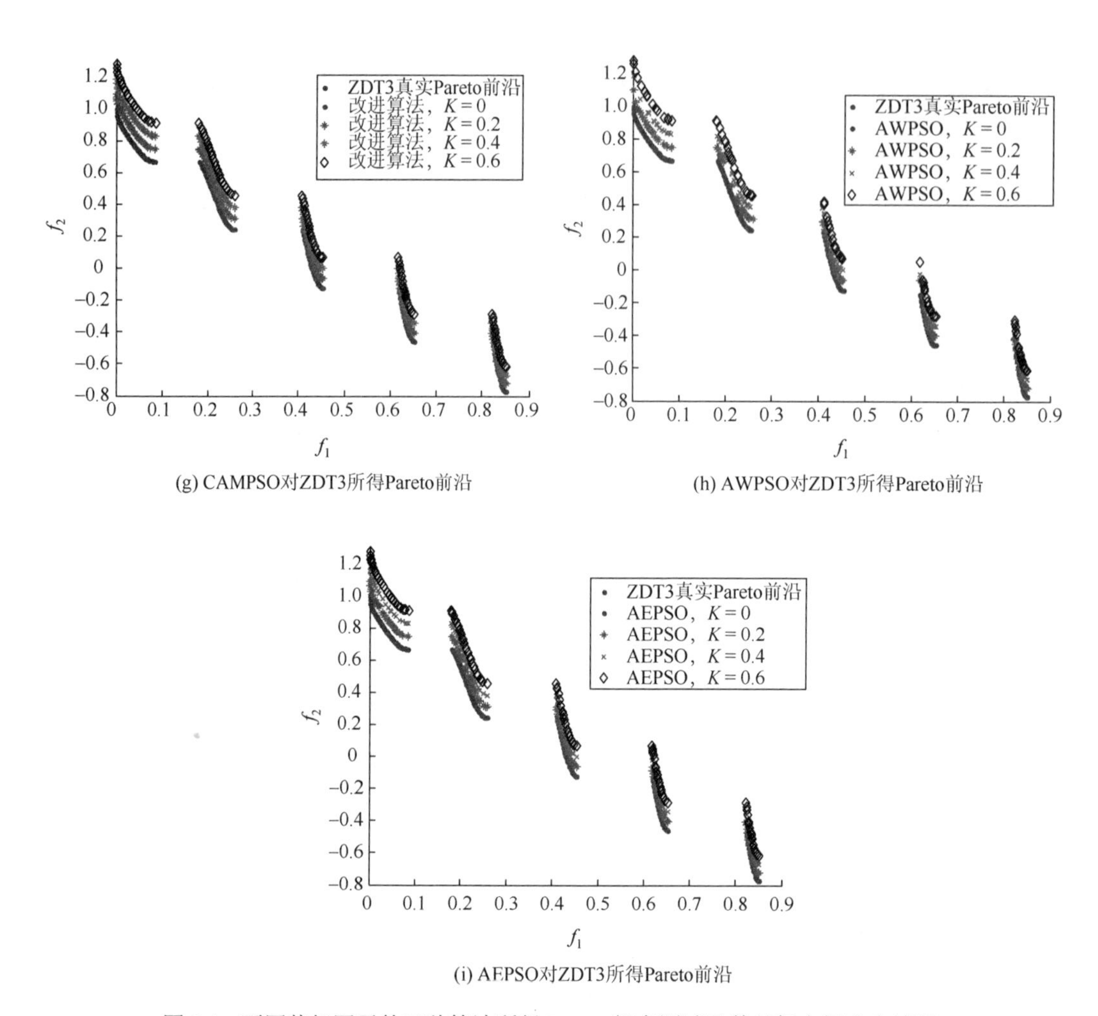

(g) CAMPSO对ZDT3所得Pareto前沿

(h) AWPSO对ZDT3所得Pareto前沿

(i) AEPSO对ZDT3所得Pareto前沿

图 3.4　不同偏好因子的三种算法所得 Pareto 解在测试函数目标空间分布情况

表 3.2　采取偏好策略时三种算法收敛度和多样度性能指标比较

算法		AWPSO		AEPSO		CAMPSO	
指标		GD	Δ	GD	Δ	GD	Δ
$K=0.2$	ZDT1	0.004 69	0.813 5	0.003 59	0.656 3	0.003 54	0.633 7
	ZDT2	0.008 53	0.803 1	0.006 76	0.653 3	0.006 63	0.623 1
	ZDT3	0.002 64	0.977 8	0.002 70	0.646 6	0.002 66	0.504 4
$K=0.4$	ZDT1	0.009 39	0.838 4	0.007 24	0.690 1	0.007 22	0.651 3
	ZDT2	0.017 21	0.837 2	0.013 46	0.718 8	0.013 36	0.667 6
	ZDT3	0.004 92	1.006 8	0.005 92	0.638 6	0.005 85	0.545 9
$K=0.6$	ZDT1	0.013 95	0.830 3	0.011 08	0.711 0	0.010 83	0.689 5
	ZDT2	0.025 98	0.857 9	0.020 67	0.749 1	0.020 18	0.710 1
	ZDT3	0.008 09	0.991 6	0.009 60	0.674 9	0.009 43	0.559 9

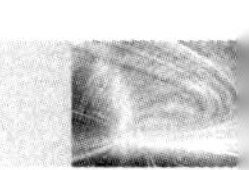

通过仿真结果可以发现，不管哪种优化方法，随着偏好系数的增加，目标函数 f_2 显著增加。也就是说，引入偏好策略满足了偏好需求，对算法所得 Pareto 解的多样性和分布均匀性影响不大，但是损害了 f_2 的利益。本章偏好策略就是为了满足对决策变量或状态变量的偏好要求，在仿真例子中，变量 7、17 和 21 作为决策变量，一旦有偏好需求，那么这些变量的搜索区域变小。因此，最终搜索到的解（或 Pareto 解）与没有偏好需求的搜索区域找到的是有差异的，但因为满足了用户的偏好需求，所确认的解（或 Pareto 解）确实是“好”解。考虑到实际工程优化问题，一个特别的偏好需求的满足必定要以某些因素的牺牲为代价。偏好系数具有重要的现实意义，它量化了用户对偏好的需求，为决策者决策带来了便利。

所以，偏好的量化有助于理清变量与系统之间的关系，偏好策略会对优化结果有影响，带偏好策略的 CAMPSO 算法能够在复杂情况下，在不破坏解的多样性和均匀分布性的同时，找出多样性符合偏好需求的解。

3.3.2 电压偏好策略和供电可靠性偏好策略

电网中的用户多样，往往是各种行业并存。用户，即使是电力公司，往往对一些状态变量如电压和决策变量（如并网 DG 安装容量）有特别的要求。电能质量不合格或者供电中断会造成极大的损失，因此，本章多目标优化模型考虑电压偏好策略（voltage preference strategy，VPS）和供电可靠性（power supply preference strategy，PSPS），以确保某些用户的特殊要求。VPS 数学表达式为

$$\begin{aligned} V_{sUP} &= V_{s\max} - N_{sP}K_{sP}M_{sP} \\ V_s(s) &= V_{s\min} + N_{sP}K_{sP}M_{sP} \end{aligned} \tag{3.17}$$

式中 $s\in[1, 2, \cdots, N_{\text{bus}}]$为有电压偏好要求的节点；$N_P = 0$ 或 1，为偏好判别因子，1 代表有电压偏好需求，0 代表没有；$K_P\in[0, 1]$为偏好系数，取值越大对电压的偏好要求越高，当 $K_P = 0$ 时，表明该属性无偏好需求；M_P 为最大偏好量。

当大电网出现大面积停电事故时，具有特殊设计的分布式发电系统仍能保持正常运行，由此可提高供电的安全性和可靠性[168]。将有 PSPS 需求的负荷节点（集中于某一区域）视为一个子系统。当由于某故障子系统与主网隔离时，子系统中的 DG 能够继续供电，从而提高了供电的可靠性。相对应地，不小于子系统内负荷之和的 DG 装置应安置于子系统内。子系统内节点 i 的 DG 安装容量上下限可表示为

$$\begin{cases} P_{i\text{DG}UP} = P_{i\text{DG}i\max} - N_{iP}K_iM_{iP} \\ P_{i\text{DG}UP} = P_{i\text{DG}i\min} + N_{iP}K_iM_{iP} \end{cases} \tag{3.18}$$

式（3.18）只是简单地表达了 PSPS 思想，最终，多少容量的 DG 装置以及安置在哪里要取决于子系统负荷之和与 3.2.2 小节中的约束条件。3.5.3 小节中将以例子说明 VPS 和 PSPS 的有效性。

3.4 基于 CAMPSO 算法的 DG 多目标优化配置求解

2.6 节已经验证了 CAMPSO 算法的性能，本章将其应用于 DG 多目标优化配置问题的求解。具体求解过程如下所述，求解示意图如图 3.5 所示。图 3.5 中涉及的潮流计算求解步骤如图 3.6 所示，扰动操作、下一次迭代粒子群的产生及非支配解的确认等流程分别参照图 2.4、2.11 和 2.13。

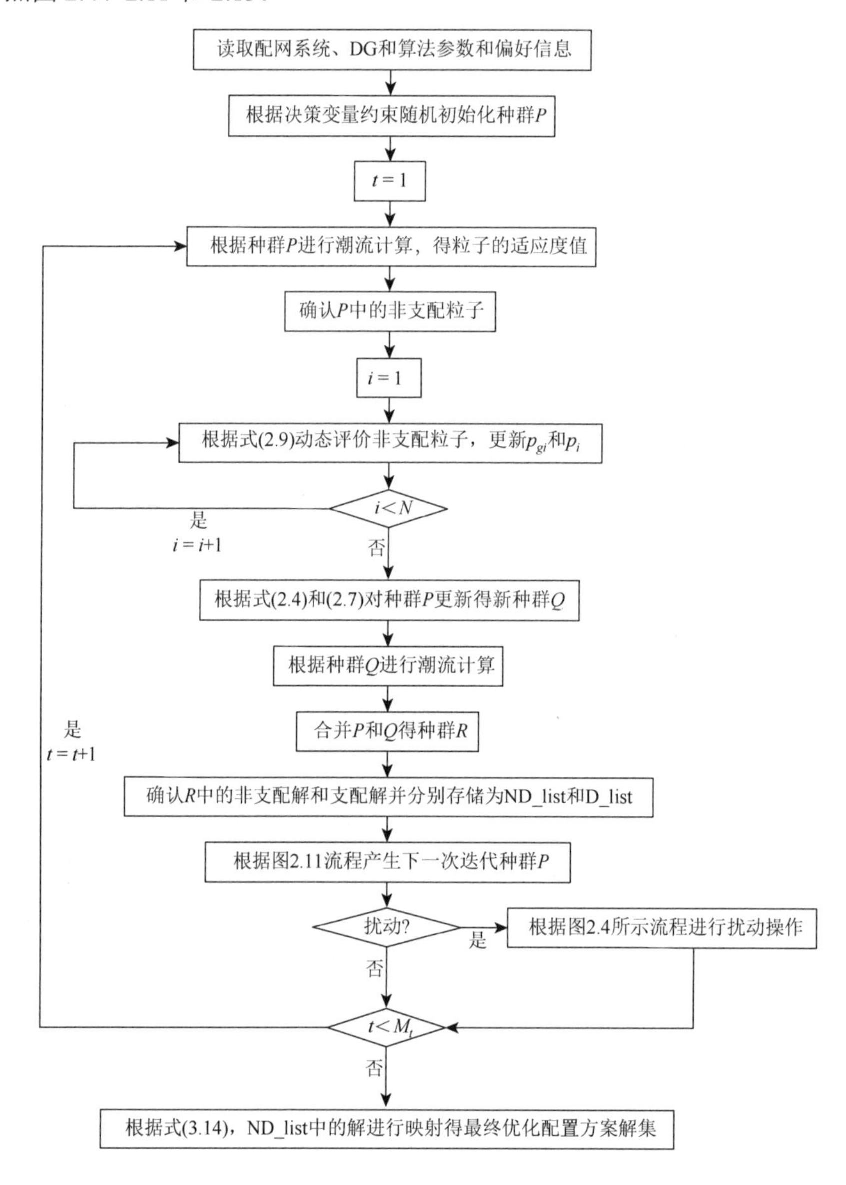

图 3.5　DG 多目标优化配置求解示意图

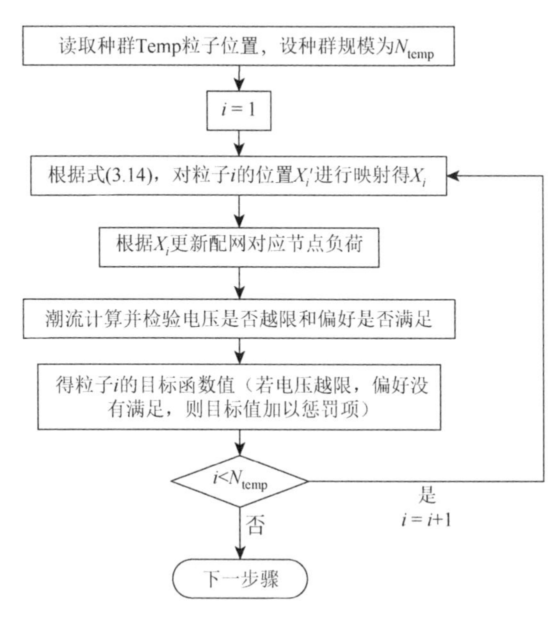

图 3.6　DG 多目标优化配置潮流计算示意图

步骤 1：读取系统参数。配网和 DG 参数包括潮流计算数据、决策变量描述及各种约束条件和偏好信息；CAMPSO 算法的参数包括种群规模 N、迭代次数 M_t、惯性权重和加速度系数，以及随机黑洞粒子群算法概率参数 p 和黑洞半径 r。

步骤 2：初始化。根据步骤 1 系统参数，在决策变量约束范围内，随机初始化粒子群 P 的位置、速度和个体最优 p_i。

步骤 3：选择领导粒子和更新个体最优。将当前种群 P 中每一粒子的位置根据式（3.14）映射为式（3.13）的形式（若决策变量是最优位置，则根据式（3.15）进行映射）。根据每一粒子对应的 X 更新配网相对应节点有功和无功负荷进行潮流计算，得出每一粒子的目标函数值，然后确认 P 中的非支配解，按照式（2.9）更新每一粒子的 p_{gi}，并更新个体最优 p_i。

步骤 4：产生新种群。按照式（2.4）和（2.7）更新种群 P 以形成新的种群 Q。类似于步骤 3 进行潮流计算得到 Q 中粒子相对应的目标函数值，组合种群 P 和 Q 构成种群 R。

步骤 5：对种群 R 进行非支配排序，将确认出的所有非支配解和被支配解并储存在 ND_list 和 D_list 中。

步骤 6：根据图 2.9 产生下一次迭代的种群 P。

步骤 7：根据图 2.4 引入扰动。

步骤 8：若没有达到迭代次数 M_t，则跳到步骤 3。

步骤 9：将非支配解集 ND_list 中的每一解按照式（3.14）或式（3.15）映射后输出作为优化配置问题最终的优化配置方案集。

3.5 DG 多目标优化配置仿真及其分析

为验证 DG 多目标优化模型的优越性和 CAMPSO 算法应用的有效性，本节设计三组仿真实验。第一组包含已知 DG 容量求最佳安装位置、已知安装位置求 DG 最佳安装容量和同时优化求解 DG 安装位置和容量三个仿真例子，同时与文献[32，169-171]优化配置结果比较。本组仿真侧重于展示同时优化求解 DG 安装位置和容量的优势，验证 CAMPSO 算法的有效性并分析 DG 位置和容量对配网系统网损、电压水平和电压指标的影响。第二组以同时最小化网损、VSI 和一年的投资、运行成本，侧重于展示优化配置 DG 所带来的显著环境效益。第三组则侧重于验证所提偏好策略的正确性、有效性和带有偏好策略的 CAMPSO 算法应用的有效性，通过分析，指出电力系统中采用积极的偏好策略的意义。

如图 3.7 所示，IEEE 33 节点系统[172]作为 DG 多目标优化配置的算例，未装 DG 时，系统有功网损为 0.2015 MW，电压稳定指标为 0.0996，电压偏差为 0.0598。

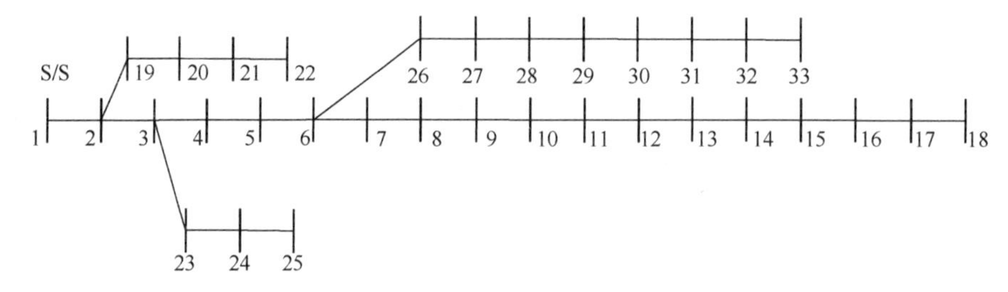

图 3.7 IEEE 33 节点系统示意图

3.5.1 第一组仿真实验

为便于比较，假设求解功率因数恒为 1 的 DG 优化配置，DG 的单位容量为 50 kW，节点 2～33 均为 DG 安置的候选位置。

1. 已知 DG 安装容量求最佳安装位置

此种情况有一定的代表性，例如，已知某网络可接纳 DG 的容量和 DG 资源的分布，此时即是求解满足运行要求的 DG 的最佳安装位置。假设已知 DG 的容量为 1 MW，候选节点为节点 2～33。图 3.8（a）为安装位置方案 Pareto 解集在目标函数空间的分布情况。因为 DG 的接入，可以为负荷就近提供所需部分功率，减少线路电流由电源到达负载的流经区域，线路损耗也随之降低，1MW 容量的 DG 安装在节点 21、11～17 和 32 时，系统损耗分别降低了 20.05%、27.48%、27.75%、30.80%、32.90%、33.76%、34.92%、38.13%和 39.06%，相对应地，VSI 分别改善了 31.27%、29.71%、28.97%、26.27%、25.38%、

24.44%、23.24%、21.42%和 20.64%。很明显，安装位置方案 Pareto 解集中的每一方案显示，合适的安装位置降低了系统网损，改善了系统电压稳定指标，但是同时可见，网损和 VSI 都不可能同时达到最优。

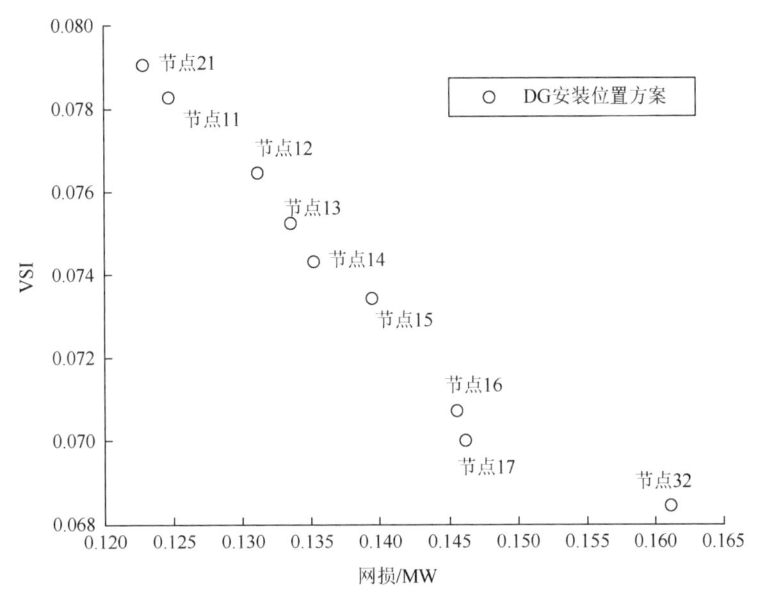

(a) DG最佳安装位置方案集在目标空间的分布情况

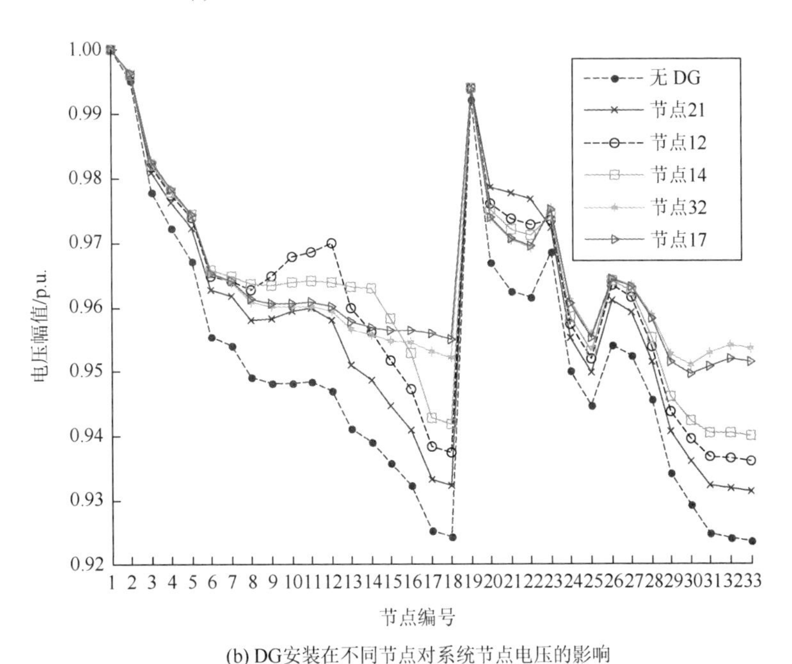

(b) DG安装在不同节点对系统节点电压的影响

图 3.8　DG 安装位置示意图

网损的下降和 VSI 的改善都与节点电压相关，为了展示不同方案对系统节点电压

的影响，选择图 3.8（a）中的 5 个优化方案对应的各节点电压幅值示于图 3.8（b）中。由图可见，优化配置 DG 对系统节点电压的改善具有积极作用。另外，DG 对电压的改善随着安装位置的不同而变化，在 DG 安装处的节点电压及该节点附近的节点电压幅值改善最为明显。例如，节点 17 安装 1 MW 的 DG，节点 16、17 和 18 的电压幅值分别改善了 2.60%、3.32%和 3.32%。节点电压水平的改善，有效地改善了所在支路的电压稳定指标和线路损耗。在无 DG 时，IEEE 33 节点系统最大 VSI 值为支路 19（从节点 19 到节点 20），其线路损耗为第二大。例如，当 DG 分别安装在节点 21 和 17 时，支路 19 的 VSI 值分别为 0.0622 和 0.0783，相对应地，线路损耗也分别下降为 0.0103 MW 和 0.0145 MW。

2. 已知 DG 安装位置求最佳安装容量

假设固定 DG 安装在节点 12，此情境的决策变量为一维的 DG 容量。在用 CAMPSO 算法求解后进行潮流计算时，将连续变量按照式（3-14）离散化。假设最大安装容量为系统的负荷 P_{load}，图 3.9（a）给出了容量优化方案解集及其对应的系统损耗和 VSI 值，图 3.9（b）绘出了不同容量优化方案对应的系统节点电压幅值。如图 3.9（a）所示，在节点 12 配置合适容量的 DG 后，整个系统的损耗降低，电压稳定性提高；与图 3.8（a）相同，目标函数系统损耗与 VSI 相互冲突。另外，DG 安装在节点 12，对该节点及其附近节点的电压水平有最明显的改善，如图 3.9（b）所示。

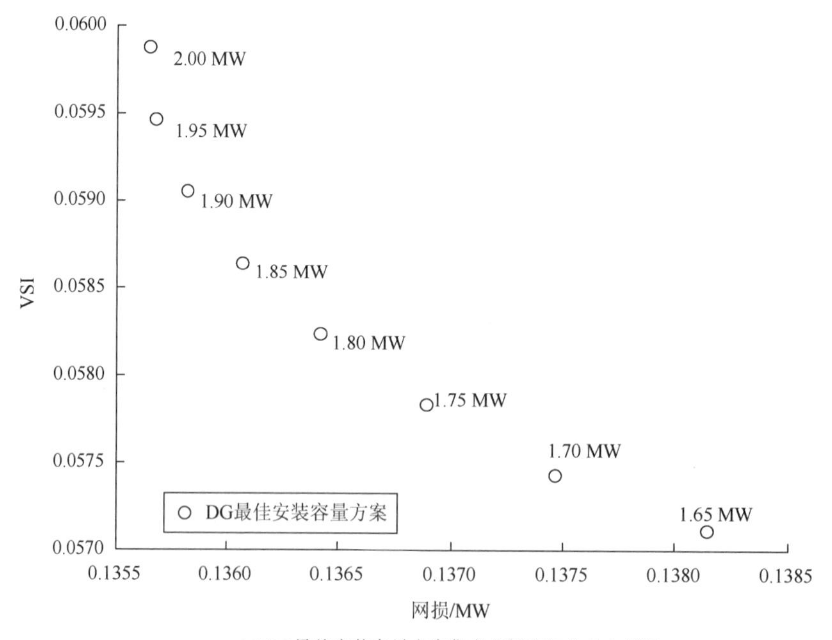

(a) DG最佳安装容量方案集在目标空间的分布情况

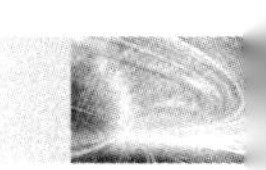

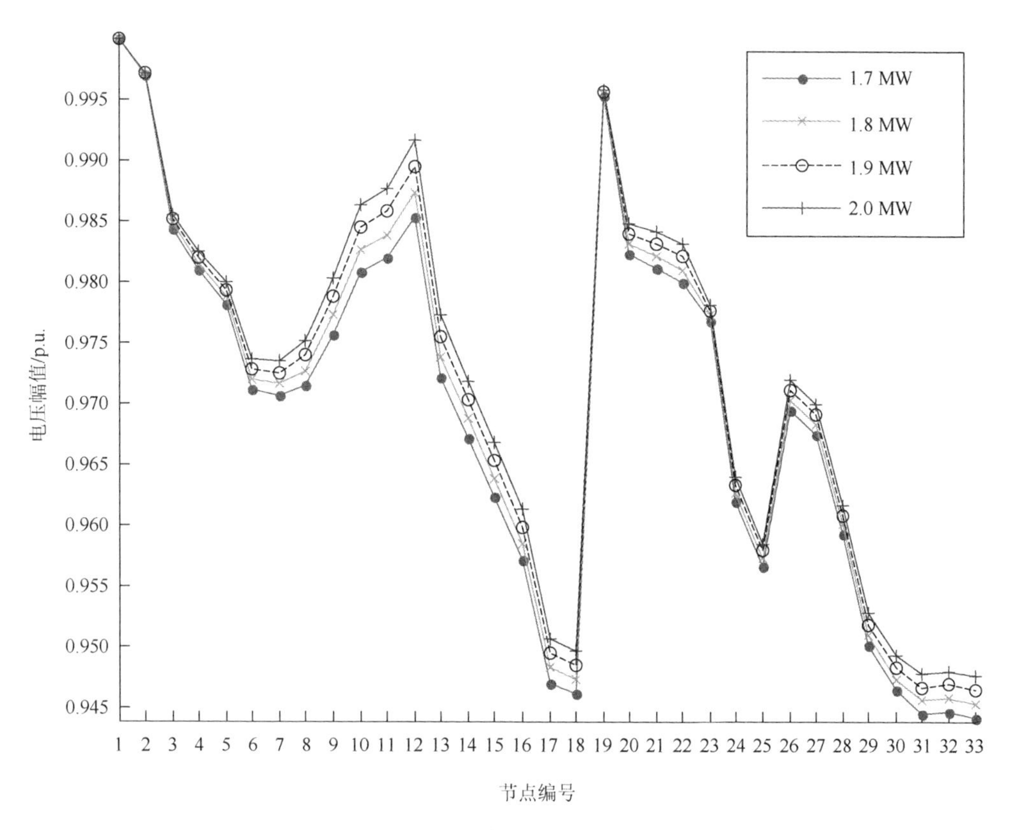

(b) 不同DG安装容量对系统节点电压的影响

图 3.9　DG 安装容量示意图

3. 优化求解 DG 安装位置和安装容量

从以上两个情境可以得出，DG 价值的实现与安装位置和容量密切相关。因此，在第三种情境中，把 DG 的位置和容量同时作为变量求解。为了保证各状态变量和决策变量满足 3.2 节所述约束条件，将采用惩罚策略，即如果所得优化配置方案中 DG 总的安装容量不满足式（3.9），那么该优化配置方案所对应的粒子目标函数值将同时加惩罚值。同理，对于引起节点电压不满足式（3.11）的优化配置方案对应的粒子目标函数值也施加惩罚。假设 $\eta = 0.5$。图 3.10（a）给出了优化配置方案解集在目标函数空间的分布情况，其中每一个解都是 DG 优化配置的一个可行方案。由图可见，当只考虑两个目标函数时，系统损耗和 VSI 是一对相互冲突的目标函数。采用多目标优化，可以明晰两者之间的关系，为决策者提供可供选择的多样性解。

在优化方案解集中，有一些方案总的 DG 安装容量相同，但是系统损耗和 VSI 值迥异，这些方案对系统电压的影响也因为 DG 安装位置和安装容量不同而变化。从图 3.10（a）中选出具有代表性的 5 个方案 S_1、S_2、S_3、S_4 和 S_5 作为对比，5 个方案对应的优化位置和容量示于图 3.10（b），各方案对系统电压的影响如图 3.10（c）所示。可见，安装 DG 的

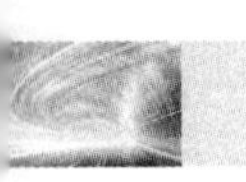

节点及其附近节点的电压幅值有明显的改善，安装的 DG 容量越大改善也越大，如节点 21 和 23 及其附近节点。

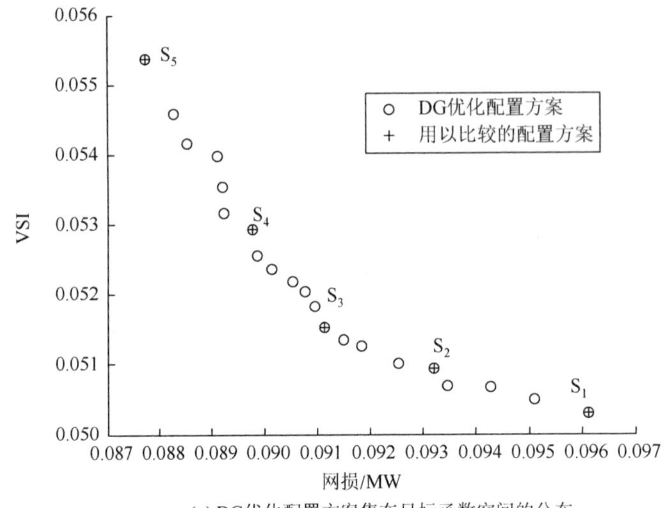

(a) DG优化配置方案集在目标函数空间的分布

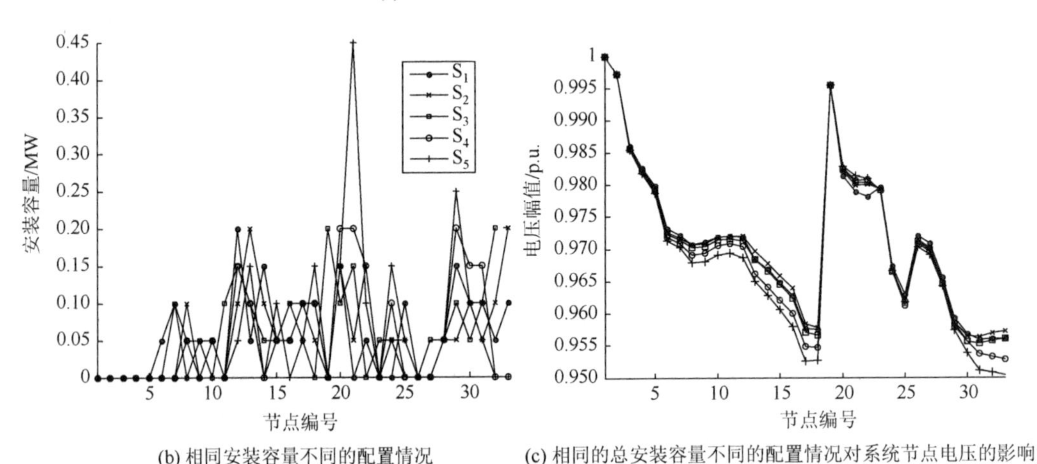

(b) 相同安装容量不同的配置情况

(c) 相同的总安装容量不同的配置情况对系统节点电压的影响

图 3.10　DG 优化配置示意图

文献[16]指出，DG 的最佳位置对负荷的分布十分依赖。从本章的算例结果也可以看出，目标函数的选取和优化方法同样影响 DG 的优化配置。首先，节点 2～7（总负荷 0.63 MW）位于网络的前段，CAMPSO 算法所提供的解中均没有 DG 安置在这些节点处；总负荷为 0.74 MW 的节点 29～33 位于配网末端，电压偏低，此 5 节点有 DG 安置，节点 27 和 28 总负荷为 0.12 MW，而且紧邻此 5 节点，因此没有 DG 安置。节点 19～23（总负荷 0.36 MW），支路 19（从节点 19 到 20）电压稳定指标和网损在没有安置 DG 时均较大，在提供的优化配置方案解集中，这些节点处均有一定容量的 DG 配置。其次，节点 18 在没有安置 DG 时电压幅值最小。当将最小化系统损耗和 VSI 作为目标时，未将电压偏差作为目标函数，在节点 18 处安置的 DG 容量为 0～0.15 MW；而将最小化电

压偏差也作为目标函数时，此处安装的 DG 容量远大于之前。所以，配网结构、负荷分布和目标函数均对优化配置的结果产生重要影响，应该全面权衡。

4. 比较与讨论

观察三种情境中的优化配置方案解集，可以发现将 DG 安装位置和容量同时作为优化变量的优势。表 3.3 将三种情境中具有代表性的优化方案进行比较，同时，将三种情境优化方案与文献[32,169-171]中的结果进行比较。

表 3.3　本章优化策略仿真结果与其他方法比较

方法	目标函数	配置方案			改善/%	
		位置	容量/MW	功率因数	网损	VSI
文献[32]	网损	25	2.47	0.85	68.97	—
文献[169]		6	2.49	1.00	47.30	—
文献[170]	网损 VSI	14,18,33	3.00		27.78	6.76
文献[171]		6	2.48		47.29	—
情境 1		17	1.00		38.13	21.42
情境 2		12	1.80		32.48	41.12
情境 3		10,12,14～20,22～24,26,27,30～33	1.85		54.78	48.27

首先，与优化安装位置或安装容量比较，同时优化 DG 安装位置和容量所得到的优化配置方案以较小的 DG 总安装容量对所考虑指标值带来较好的改善。其次，DG 分散安装在多处比单纯固定安装在一处对降低系统损耗和提高电压稳定性的效果要好。由表 3.3 可以看出，当容量为 1.80 MW 的 DG 安装在节点 12 时，系统损耗和系统 VSI 相对于无 DG 时分别改善了 32.48%和 41.12%。文献[169]和[171]分别求得容量为 2.49MW 和 2.48MW 的 DG 安装在节点 6 处，相对应地，系统损耗分别降低了 47.30%和 47.29%。然而，容量为 1.85MW 的 DG 分散地安装在节点 10、12、14～20、22～24、26～27 和 30～33 时，系统损耗和 VSI 分别改善了 54.78%和 48.27%。采用 CAMPSO 求解 DG 多目标优化配置问题十分有效。多目标优化策略可以寻找到一组对目标函数折中的优化解集。采用同样的目标函数，文献[170]提出容量为 3 MW 的 DG 分散安装在节点 14、18 和 33，相对应地，网损下降了 27.78%，VSI 值减小了 6.76%。而本章总容量为 1.85 MW 的 DG 根据优化配置方案对网损和 VSI 值的改善明显优于文献[170]。

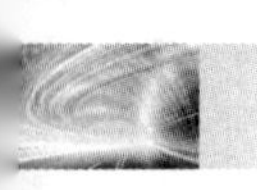

3.5.2 第二组仿真实验

本次仿真以最小化配电网网损、最大化系统稳定性和最小化计及环境效益的投资和运行成本为目标函数，求解功率因数为 0.92 的微型燃气轮机在 IEEE 33 节点系统中的优化配置，其中微型燃气轮机的候选安置节点为节点 4、8、14、18、22、25、30、32 和 33，火力和微型燃气轮机的安装成本、电量成本和污染气体排放数据如表 3.1 所示，排放气体的环境价值和惩罚标准如表 3.4 所示。图 3.11 绘出了所得优化配置方案在目标函数空间的分布情况，表 3.5 列出了所选 5 个优化配置方案所对应的 DG 配置、网络损耗及其改善、电压稳定指标及其改善和年排放气体量及其改善。图 3.12 绘出了 S1～S5 方案对系统电压水平的改善。

表 3.4 污染物环境价值和排放惩罚标准

污染物	环境价值/(美元/kg)	惩罚标准/(美元/kg)
SO_2	0.750 000	0.125 00
NO_x	1.000 000	0.250 00
CO_2	0.002 875	0.001 25
CO	0.125 000	0.020 00

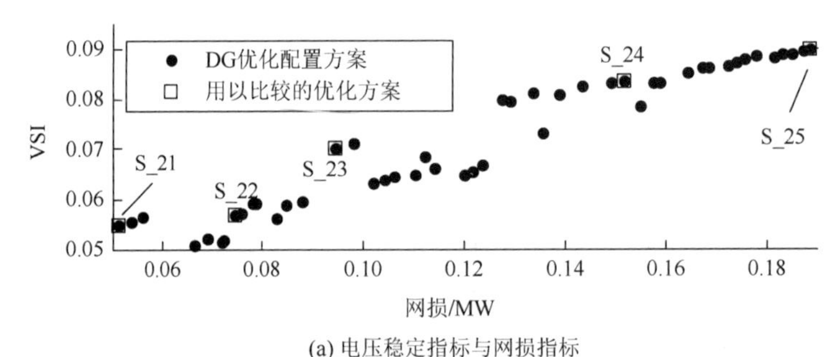

(a) 电压稳定指标与网损指标

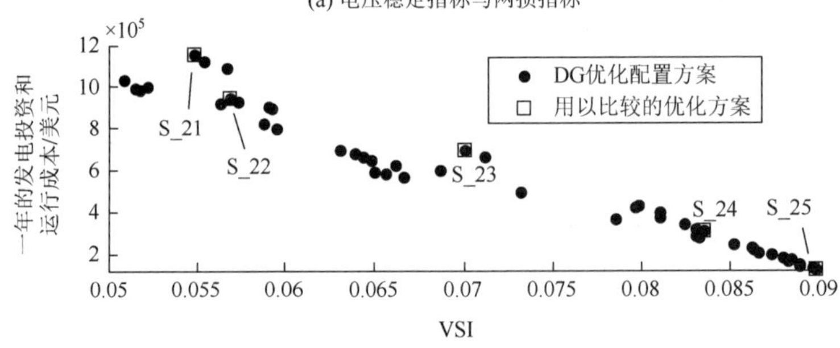

(b) 投资和运行成本与电压稳定指标

图 3.11 微型燃气轮机优化配置方案在目标函数空间的分布

表 3.5　优化配置方案 S_1～S_5 及其对应的指标值与没有安置微型燃气轮机时的比较

参数			S1	S2	S3	S4	S5
配置信息	4		0	0	0	0	0
	8		0.12	0.11	0.09	0.16	0
	14		0.29	0.14	0	0.05	0
	18		0.14	0.2	0.18	0.02	0
	22		0	0.27	0.23	0.2	0.2
	25		0.38	0.23	0.07	0.1	0
	30		0.47	0.03	0	0.03	0
	32		0.38	0.51	0.13	0.02	0
	33		0.07	0	0.28	0.03	0
	总容量/MW		1.85	1.49	0.98	0.61	0.20
网损	网损值/MW		0.051 0	0.075 3	0.109 3	0.148 1	0.188 6
	改善/%		74.69	62.65	45.76	26.54	6.42
VSI	VSI 值		0.054 8	0.055 6	0.068 9	0.078 9	0.089 8
	改善/%		44.98	44.13	30.81	20.77	9.83
年排放气体	排放量/kg	SO_2	108 777	130 587	161 465	184 664	210 235
		NO_x	583 67	661 10	770 71	853 77	945 21
		CO_2	13 439 853	14 956 414	17 103 126	18 737 128	20 534 746
		CO	4576	4404	4160	3996	3812
	改善/%	SO_2	51.07	41.26	27.37	16.94	5.44
		NO_x	40.93	33.09	22.00	13.59	4.34
		CO_2	37.12	30.03	19.98	12.34	3.93
		CO	−23.16	−18.52	−11.95	−7.54	−2.59

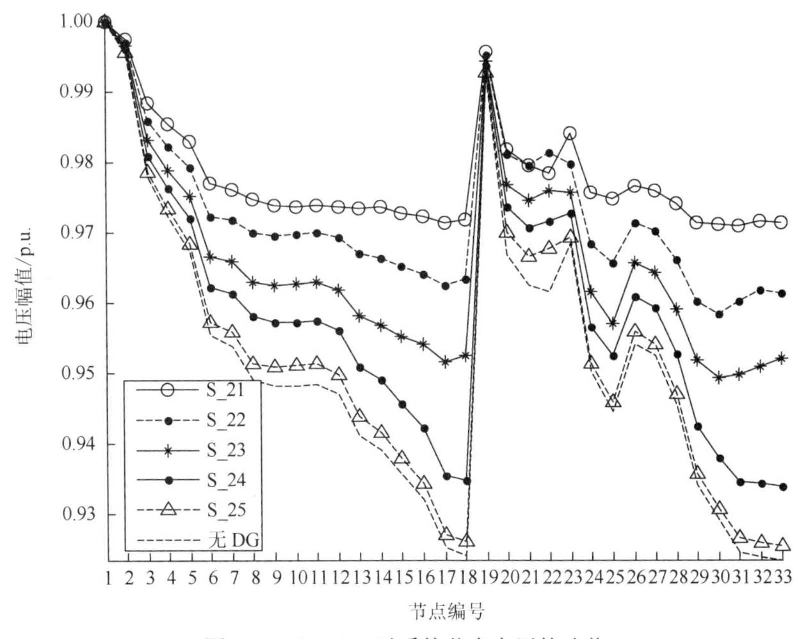

图 3.12　S1～S5 对系统节点电压的改善

由图 3.11 和表 3.5 可见，与原始网络的网络损耗、电压稳定指标和污染气体排放相比，安装 DG 且优化配置后，系统损耗和电压稳定指标明显改善，可以有效地降低污染气体排放（尤其是对环境影响较大的 SO_2 和 NO_x），此处 CO 排放量增大，但对于绝大部分可再生能源，有害气体排放量很少。同时可见，并网所带来的效益取决于优化配置结果。与文献[46]（表 3.6）比较，本章提供了多样性方案，且能够提供以较少的装置容量取得较大效益的方案。

表 3.6　DG 配置前后系统年污染排放

污染物	SO_2	NO_x	CO_2	CO
配置前系统排放量/kg	883 840.2	392 815.9	84 973 997	14 769.36
配置后系统排放量/kg	693 266.4	323 988.6	71 374 237	15 951.96
排放减少%	21.56	17.52	16	–8.01

3.5.3　第三组仿真实验：偏好策略研究

为验证所提偏好策略的有效性，本次仿真以 IEEE 33 节点系统含用户偏好策略的微型燃气轮机的优化配置为例，设微型燃气轮机功率因数为 0.92，$\eta = 0.3$，候选安置节点为节点 4、8、14、18、22、25、30、32 和 33。节点电压幅值上下限分别为 0.9 p.u.和 1 p.u.。设计四种情境的微型燃气轮机优化配置仿真，即不含优化策略（S_31）、含电压偏好策略 VPS（S_32）、含供电可靠性策略 PSPS（S_33）及同时含 VPS 和 PSPS（S_34）。在情境 S_32 和 S_34 中，VPS 应用于节点 12、17 和 31，$V_{UP}(12) = V_{UP}(17) = V_{UP}(31) = 1$，$V_{LO}(12) = 0.96$，$V_{LO}(12) = V_{LO}(31) = 0.94$。总负荷为 0.62 MW 的节点 29～33 视为有 PSPS 策略的子系统。表 3.7 总结了四种情境下的优化配置方案对改善系统损耗和减少污染气体排放情况。图 3.13 展示了采用偏好策略的有效性，其中图（a）～（c）给出了四种情境下各优化配置方案对应的节点 12、17 和 31 的电压幅值，图（d）描绘了四种情境下子系统内安装总的 DG 容量。

表 3.7　四种情境优化配置效益比较

情境	网损下降/%			SO_2 减排/%			NO_x 减排/%			CO_2 减排/%		
	最小	最大	平均	最小	最大	平均	最小	最大	平均	最小	最大	平均
S_31	0.0	73.2	44.5	0.0	49.7	25.3	0.0	39.9	20.3	0.0	36.1	18.5
S_32	36.2	77.5	59.5	18.5	51.2	34.4	14.9	41.1	27.7	13.6	37.3	25.1
S_33	38.8	77.1	60.7	18.6	51.2	35.0	15.0	41.1	28.2	13.7	37.3	25.6
S_34	45.5	76.3	63.2	22.8	51.16	37.1	18.4	41.0	29.8	16.7	37.2	27.1

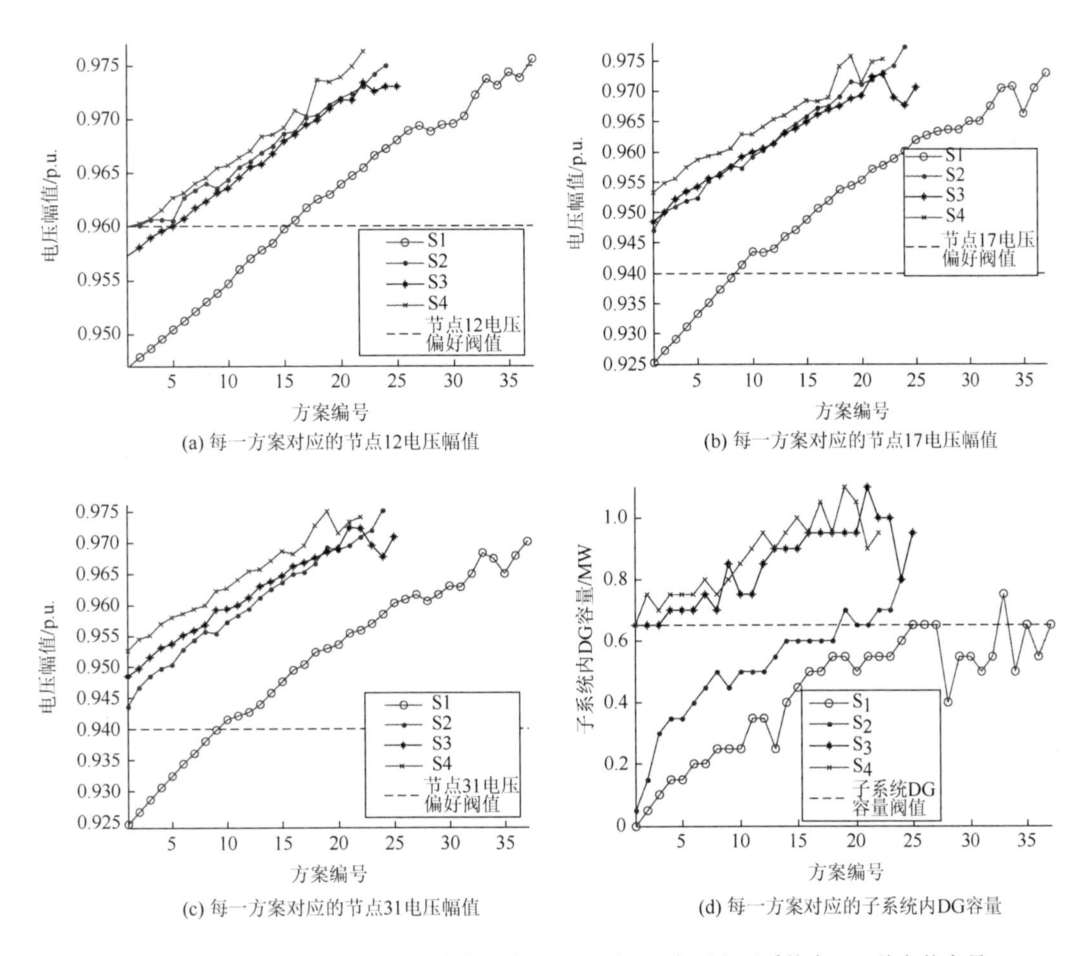

图 3.13　四种情境下每一方案对应的节点 12、17 和 31 电压和子系统内 DG 总安装容量

根据仿真结果可以总结如下。首先，由表 3.6 可以清楚地看到，优化配置微型燃气轮机有效地改善了系统损耗并减少了污染气体排放（除 CO 外，因为微型燃气轮机需要燃料，而对于利用可再生能源发电的 DG，污染气体排放几乎为零）。其次，如图 3.13（d）所示，在 S_31 和 S_32 中，因为没有应用 PSPS，有一部分优化配置方案所提供的子系统内 DG 总的安装容量小于子系统内的负荷之和，即一旦故障子系统与主网断开，那么子系统的供电中断，可靠性得不到保障。一旦采用 PSPS，求解得到的所有的优化配置方案都能够满足子系统对供电可靠性的偏好需求，然而 VPS 却不一定；反之亦然。因此，本章所提偏好策略完全能够满足偏好要求。再次，与 S_32、S_33 和 S_34 相比，一般地，S_31 中优化配置 DG 所带来的效益较差。例如，考虑所有的优化配置方案，S_31 中网损平均下降 44.51%，而 S_32、S_33 和 S_34 则分别平均下降 59.49%、60.66%和 63.18%。换句话说，本章所提的偏好策略不但满足了个别利益者的偏好需求，同时为整个系统带来了效益。更进一步，是什么原因产生了上面的结果呢？节点 12、17 和 31 位于系统不同的区域，而这三个节点有电压偏好的需求，它们附近的节点 14、18、30 和 32 分别安装了 DG。安装 DG 的节点及其附近节点的电压得以改善，相应地，支路线损减小。因此，情境 S_32 和 S_34 的系统损

耗改善比 S_31 显著。在情境 S_33 中，因为 DG 的渗透率为 0.3，子系统又有 PSPS 需求，所以，不低于 0.60MW 容量的 DG 集中安装在节点 30、32 和 33。这些节点所在的支路及其附近支路降损效果明显，但是对整个系统却不是。综上所述，采用 PSPS，优化配置方案引起的系统降损效果逊于 S_32 和 S_34。

图 3.14 绘出了采用 CAMPSO、AWPSO 和 AEPSO 对四种情境下的 DG 优化配置问题求解所得的优化配置方案在目标函数空间的分布情况。结果显示，一年投资和运行成本几乎相同的情况下，CAMPSO 所提供的优化配置方案对系统降损效果更显著。因此，仿真结果揭示出 CAMPSO 应用有效，所提带偏好策略的多目标 DG 优化配置能够提供一组高质量、多样性的优化配置方案，同时还能够满足偏好需求。

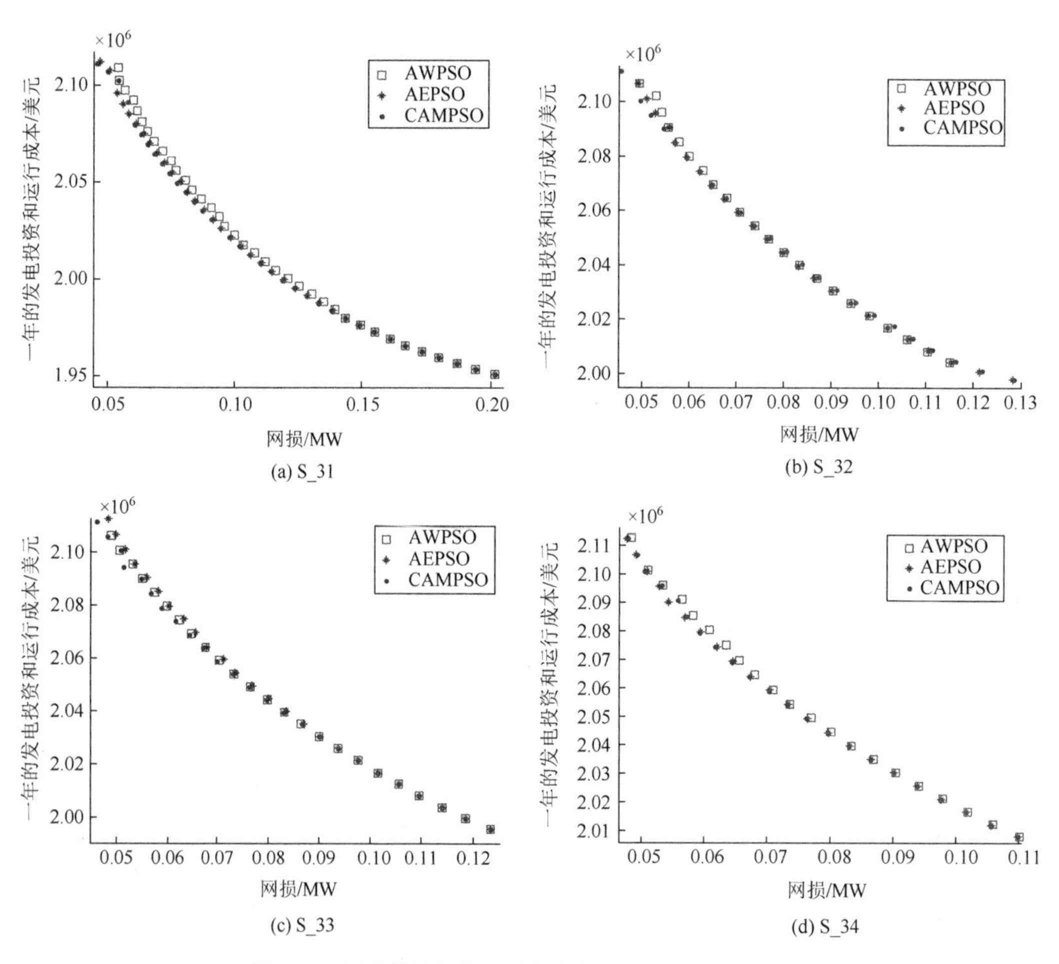

图 3.14　四种情境优化配置方案在目标函数空间的分布

3.6　本章小结

本章针对 DG 优化配置的多目标特性，在 DG 位置和容量均不确定的情况下，以系

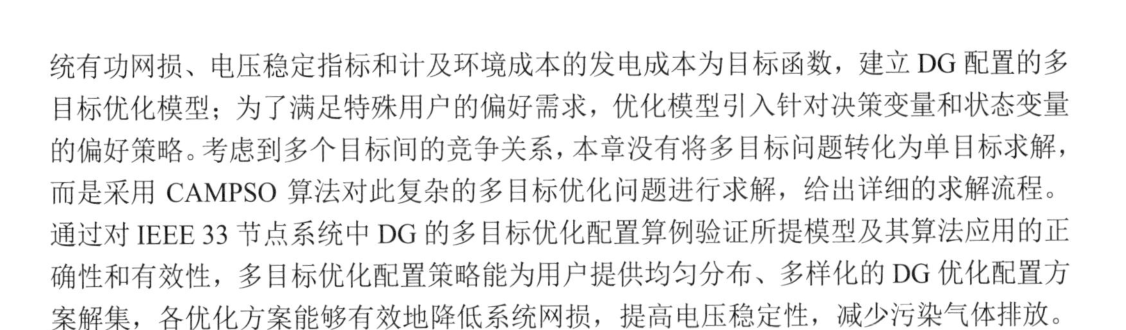

统有功网损、电压稳定指标和计及环境成本的发电成本为目标函数，建立 DG 配置的多目标优化模型；为了满足特殊用户的偏好需求，优化模型引入针对决策变量和状态变量的偏好策略。考虑到多个目标间的竞争关系，本章没有将多目标问题转化为单目标求解，而是采用 CAMPSO 算法对此复杂的多目标优化问题进行求解，给出详细的求解流程。通过对 IEEE 33 节点系统中 DG 的多目标优化配置算例验证所提模型及其算法应用的正确性和有效性，多目标优化配置策略能为用户提供均匀分布、多样化的 DG 优化配置方案解集，各优化方案能够有效地降低系统网损，提高电压稳定性，减少污染气体排放。CAMPSO 算法为 DG 多目标优化配置提供了一种性能较好的优化工具。

本章还通过算例分析了 DG 位置、容量和负荷对优化配置方案的影响，优化配置 DG 对改善系统损耗、提高系统稳定性、改善电压水平、减少污染物排放及降低发电设备的投资和运行投资成本的积极作用。可以得出，DG 配置对系统的积极影响与 DG 位置和容量的选择十分密切，合理的 DG 配置可以为负荷就近提供所需部分功率，减少线路电流由电源到达负载的流经区域，有利于改善电压水平，降低线路损耗，提高线路电压稳定指标。与固定安装 DG 于一处相比，分散安装 DG，同时对 DG 的位置和容量进行优化选择对于降低系统损耗和提高系统稳定性效果显著。

优化模型中因引入偏好策略对满足特殊情况下、特殊用户的偏好需求十分有效。VPS 和 PSPS 两种策略，保证个别节点对电压的高标准要求和对子系统供电可靠性的需求，同时由于偏好合理，为整个系统也带来了积极作用。因此，带偏好策略的多目标 DG 优化配置能够给决策者提供一组高质量、多样性的优化配置方案，同时还能够满足偏好需求。

DG 并网后，具有间歇性特点的风电、太阳能输出功率波动无法满足电网对于电源调峰调频的要求，配置合理的混合储能系统（hybrid energy storage system，HESS）可以有效补偿风电等输出功率的波动。为了达到较好的补偿效果，HESS 要辅之以储能设备间的功率分配策略，下一章将阐述 HESS 的优化配置问题。

第4章

混合储能多目标优化配置

4.1 引 言

在 DG 技术中，风力发电是最成熟的，由于能有效地减少环境污染，降低化石燃料消耗和总的发电费用，风电备受瞩目。20 世纪 90 年代起风电安装容量以每年 25%的速度增加，截至 2008 年 4 月，全球范围内风机的安装容量已经达到 93 881 MW[173]。太阳能发电也因为清洁环保和可再生等特点发展迅速。1994 年年底，全球范围内光伏发电安装容量为 500 MW，但 2007 年年底，安装容量累积达到 92 000 MW[174, 175]。然而，风电和太阳能发电具有随机波动性和间歇性的特点，其不稳定的输出功率加大了可控性和可调度性的难度，它们的并网会对电力供需平衡、电力系统安全及电能质量带来严峻挑战[22]。为提升配电网对可再生能源的吸纳能力，满足国家对新能源发电并网的标准要求[20]，需要合理配置分布式储能系统以减少间歇式电源（如风电）输出功率波动对电网的影响，改善 DG 并网的电能质量和稳定性问题[21, 22]。

根据研究[176-179]，风电功率波动对电网系统频率的影响中，1 Hz 以上的高频波动被转子惯量吸收，0.01 Hz 及以下波动大部分被电网中自动发电控制补偿，风机输出功率波动对系统影响最大的频段为 0.01～1 Hz，因此这部分的风机输出功率波动需要储能系统来平抑。由于技术成熟和成本较低，铅酸蓄电池被广泛应用[59]，但铅酸蓄电池单独平抑风电等输出功率波动时，频繁的充放电尤其是深度放电造成装置温度升高，严重影响了其使用寿命[180, 181]。由表 4.1[182]可见，不同种类的储能特性及适用范围相差甚远：超级电容器和超导储能等功率型储能设备的优势为功率密度高、响应速度快，缺点是不能存储大容量电能；蓄电池等能量型储能设备能量密度高，但功率调节速度不理想。如果能够合理地配置储能电池和超级电容构成混合储能系统（hybrid energy storage system，HESS），充分利用两者的互补特性，就可以弥补单一储能装置的不足。因此，研究者们[56-61]提出了由超级电容器与蓄电池构成的混合储能系统，即利用超级电容器响应速度快的特点补偿风电输出功率波动中的高频部分，利用储能电池容量密度高的特性补偿低频部分；而且从理论上和实验上验证了 HESS 辅之以合适的功率分配策略可以减少蓄电池的充放电次数，有效地平抑风机输出功率的波动。超级电容器动态响应快，充放电效率高，使用寿命长，但容量密度小、造价高；储能电池容量密度大，造价低，但充放电效率低，响应速度慢，循环使用寿命短。因此，如何合理地配置 HESS 取得风电输出功率平抑效果与 HESS 投资经济性之间的平衡是需要解决的问题。

表 4.1 储能技术性能比较

储能技术	额定功率费/(美元/kW)	额定容量费/(美元/(kW·h))	循环次数	寿命/年	效率/%	响应时间
铅酸蓄电池	315	325	200～5000	15～30	75～85	<10 s
超级电容器	366	370 000	10^3～10^5	50	85～95	<1 s

续表

储能技术	额定功率费/(美元/kW)	额定容量费/(美元/(kW·h))	循环次数	寿命/年	效率/%	响应时间
超导储能	309	560 000	10^4～10^5	20	95	＜5 ms
飞轮储能	206	370 000	10^3～10^5	50	70～80	＜1 s
钠硫电池	508	508	＜3000	15	85～90	＜10 s

HESS 可以集中式和分散式两种方式安置于系统中，如图 4.1 所示。根据以风电场为例对两种结构方式的性能比较研究[183]发现，储能系统以两种方式安置，在平滑风机输出功率波动和降低系统频差方面同等有效。以风电为例简述 HESS 如何平滑其输出功率，图 4.2 所示为风电储能系统控制结构图。风机的输出功率 P_{WD} 经由变流器通过升压变压器送到交流母线上[179-184]；HESS 根据低通滤波器的计算结果 $P_{WD\text{ref}}$ 与风机实际输出功率之差 P_{WD} 和 HESS 中各储能装置的荷电状态进行功率控制和分配，HESS 输出功率 $P_{SC}+P_B$ 经由升压变压器向交流母线注入或抽取能量来平抑风机输出功率的波动部分 $\Delta P_{WD}=P_{WD}-P_{WD\text{ref}}$，从而得到经平滑后的风机输出功率 P_{WD}^*。因此，HESS 中各储能单元的额定容量和功率限制决定了 HESS 对风机输出功率的平滑效果[22]。

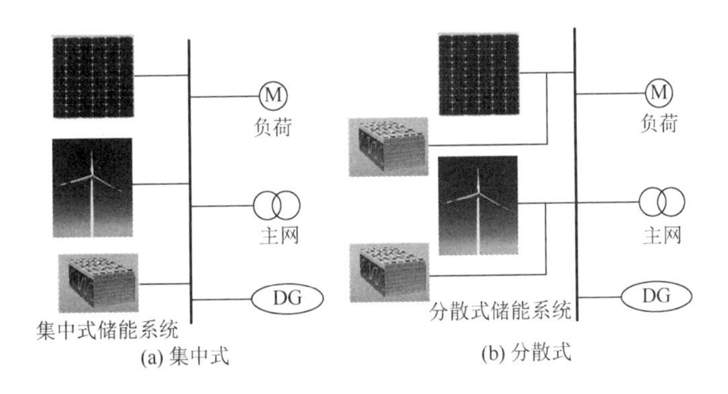

图 4.1 储能系统安置方式示意图

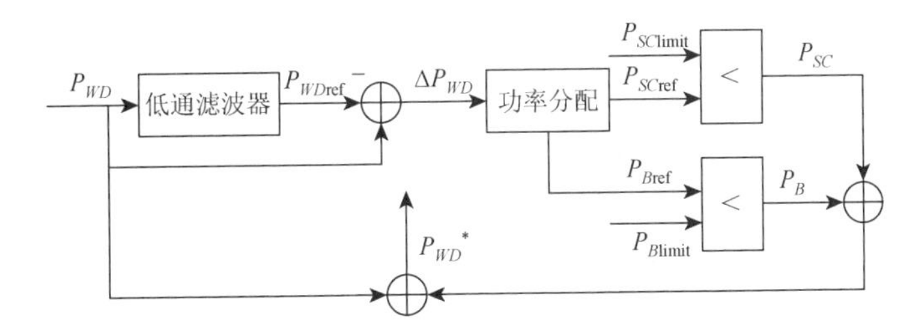

图 4.2 风电储能系统控制结构图

为了研究 HESS 对具有间歇性特点 DG 输出功率波动的平抑，解决如何合理配置 HESS 使得风电输出功率平抑效果与 HESS 投资经济性之间取得平衡的问题，本章以风电为例，建立 HESS 多目标优化配置模型，以 HESS 安装和运行维护成本最小化、风电

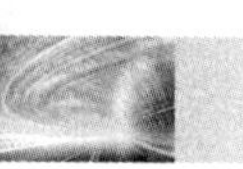

输出功率平滑合格率最大化为目标函数，同时考虑 HESS 中各设备的功率出力，避免储能设备荷电状态越限，采用模糊控制[57]，对 HESS 中的各储能设备进行功率优化分配，以保证储能设备的循环使用寿命和保障HESS有充足的可用能量平滑下一阶段风电输出功率的波动。

4.2 HESS 多目标优化配置模型

4.2.1 HESS 数学模型

如图 4.2 所示，为使风机的输出功率尽可能地逼近其参考输出值 P_{WDref}，需要 HESS 发出的实时总功率 $P_{SC}+P_B$ 对风机输出功率 P_{WD} 中的波动部分补偿。补偿效果与 HESS 中各储能装置的剩余电量、额定充放电功率和实时最大允许充/放电功率有关。储能设备的剩余电量与充放电状态和自放电有关，当储能设备 i（$i=SC,B$）处于充电/放电过程，在 t 时段（时长 Δt）结束时，其剩余电量 E^t 可分别表示为

$$E_i^t=(1-r_{\text{SDC}i})E_i^{t-1}+P_i^t\Delta t\eta_{\text{C}i} \tag{4.1}$$

$$E_i^t=(1-r_{\text{SDC}i})E_i^{t-1}+\frac{P_i^t\Delta t}{\eta_{\text{D}i}} \tag{4.2}$$

式中 r_{SDC} 为储能设备的自放电率；η_{C} 和 η_{D} 分别为储能设备的充/放电效率。储能设备电量枯竭或饱和均会严重影响设备寿命，荷电状态（state of charge，SOC）反映储能设备的剩余容量与额定容量 E_{rated} 的比值，t 时段结束时，储能设备 SOC 可定义为

$$\text{SOC}_i^t=\frac{E_i^t}{E_{\text{rated}i}} \tag{4.3}$$

式中 SOC 的上下限分别表示为 $\text{SOC}_{\max}$ 和 $\text{SOC}_{\min}$。P_t 为储能设备在 t 时段的充/放电功率（放电时其值为负），充/放电时，其表达式分别为

$$P_i^t=\min\{P_{\text{Crated}i},P_{\text{ref}i}^t,P_{\max i}^t\} \tag{4.4}$$

$$P_i^t=-\min\{P_{\text{Drated}i},|P_{\text{ref}i}^t|,P_{\max i}^t\} \tag{4.5}$$

式中 P_{Crated} 和 P_{Drated} 分别为储能装置的额定充电和放电功率；P_{ref}^t 为储能装置的参考输出功率，其计算后文将给予分析；$P_{\max}$ 为最大允许充/放电功率，其大小与设备的充放电特性和 t 时刻的最大剩余电量有关。在 t 时段，储能设备处于充/放电状态时，$P_{\max}$ 的计算式分别为

$$P_{\max i}^t=\frac{\text{SOC}_{\max i}E_{\text{rated}i}-(1-r_{\text{SDC}i})E_i^{t-1}}{\eta_{Ci}\Delta t} \tag{4.6}$$

$$P_{\max i}^t=\frac{(1-r_{\text{SDCi}})E_i^{t-1}-\text{SOC}_{\min i}E_{\text{rated}i}\eta_{\text{D}i}}{\Delta t} \tag{4.7}$$

4.2.2 风电输出功率平滑效果评估指标

HESS 的作用是通过其输出的实时总功率 $P_{SC}+P_B$ 平抑风电输出功率 P_{WD} 中的波动部分，使得平抑后的输出功率 P_{WD}^* 尽可能接近参考值 P_{WDref}。因此，采用如下所示的指标评估平滑效果，$\eta\leqslant 1$，其值越小表明平抑效果越好：

$$\eta^t=\frac{{P^t}_{WD}^{\ *}}{P_{WDref}^t}=\frac{{P^t}_{WD}+{P^t}_{SC}+{P_B}^t-P_{WDref}^t}{P_{WDref}^t} \tag{4.8}$$

根据图 4.2，$\Delta P_{WD}=P_{WD}-P_{WDref}$，HESS 只能根据此给定差值进行功率分配。因此，为了最大化地降低风电输出功率波动，需要制定合理的 P_{WDref}[60]。为此，文献[60]提出了根据 HESS 的剩余电量来调节低通滤波器的时间常数，从而达到调节 HESS 平抑目标 P_{WDref} 的目的，即在 HESS 有充裕的剩余电量时，适当提高滤波器的时间常数 τ_t，使得 t 时段的平抑目标尽量接近 $t-1$ 时经平抑后的输出功率 P_{WD}^{t-1*}，从而降低 t 时段平抑后风电的输出功率变化率并避免在 HESS 剩余容量充足时出现较大功率变化率的现象。在 t 时刻，平抑目标参考值 P_{WDref} 的表达式为

$$P_{WDref}^t=(1-\lambda^t)P_{WD}^{t-1*}+\lambda^t {P^t}_{WD} \tag{4.9}$$

式中 λ^t 为 t 时刻的滤波系数。Δt 和 λ^t 以及与 HESS 中储能设备剩余容量的关系分别为[60]

$$\lambda^t=\frac{\Delta t}{\Delta t+\lambda^t} \tag{4.10}$$

$$\lambda^t=\begin{cases} k_1\left(1-\dfrac{\mathrm{SOC}_{\max B}E_{\mathrm{rated}B}-\dfrac{E_B^{t-1}}{E_{\mathrm{rated}B}}}{\mathrm{SOC}_{\max B}-\mathrm{SOC}_{\min B}}\dfrac{\mathrm{SOC}_{\max SC}-\dfrac{{E^{t-1}}_{SC}}{E_{\mathrm{rated}SC}}}{\mathrm{SOC}_{\max SC}-\mathrm{SOC}_{\min SC}}\right), & \Delta {P^t}_{WD}\geqslant 0 \\ k_2\left(1-\dfrac{\dfrac{E_B^{t-1}}{E_{\mathrm{rated}B}}-\mathrm{SOC}_{\min B}}{\mathrm{SOC}_{\max B}-\mathrm{SOC}_{\min B}}\dfrac{\dfrac{E_{SC}^{t-1}}{E_{\mathrm{rated}SC}}-\mathrm{SOC}_{\min SC}}{\mathrm{SOC}_{\max SC}-\mathrm{SOC}_{\min SC}}\right), & \Delta {P^t}_{WD}<0 \end{cases} \tag{4.11}$$

式中 k_1 和 k_2 为比例系数，考虑平抑效果和充分利用 HESS 剩余容量，折中取 $k_1=k_2=0.5$[60]。

4.2.3 HESS 多目标优化配置数学模型

储能设备成本[182]主要划分为投资费用和运行与维护费用。投资费用包括初始额定容量费用、额定功率费用、功率变换系统费用和处置费用；运行与维护费用可分为固定的和变化的两部分。考虑最小化 HESS 年成本费用和最大化风电输出功率合格率的 HESS 多目标优化配置数学模型为

$$\begin{cases} \min\ f_{\text{cost}} = \sum\limits_{i=SC,B}\left(\dfrac{f_{\text{capital}}}{L} + C_{f\text{OM}i} + C_{v\text{OM}i}\right) \\ \max\ f_{\text{prob}} = \dfrac{\sum\limits_{t=1}^{M_t}\alpha^t}{N_t} \end{cases} \tag{4.12}$$

$$\text{s.t.} \begin{cases} \text{SOC}_{\min i} \leqslant \text{SOC}_i^t \leqslant \text{SOC}_{\max i} \\ |P_i^t| \leqslant \min(P_{\text{rated}i}, P_{\max i}^t) \end{cases} \quad (i = SC, B)$$

式中目标函数 f_{cost} 和 f_{prob} 分别为 HESS 一年的成本费用和风电输出功率合格率；f_{capital} 为储能投资费用，其表达式为

$$f_{\text{capital}} = C_{\text{E}i}E_{\text{rated}i} + (C_{\text{P}i} + C_{\text{C}i} + C_{\text{D}i})P_{\text{rated}i} \tag{4.13}$$

式中 C_{E}、C_{P}、C_{C}、C_{D}、$C_{f\text{OM}}$ 和 $C_{v\text{OM}}$ 分别为储能设备单位额定容量、单位额定功率、单位功率变换设备、单位功率处置、每年固定运行维护和变化运行维护费用；L 为储能设备使用年限；N_t 为时段总数；α_t 为 0 或 1 变量，其取值为

$$\alpha^t = \begin{cases} 1, & |\eta^t| \leqslant \delta \\ 0, & \text{其他} \end{cases} \tag{4.14}$$

式中 δ 为风机输出平滑率阈值。同时考虑储能设备成本和风电平滑效果，兼顾系统性能和经济性，利于分析储能配置对风电输出功率波动的平滑效果影响。

4.3 HESS 储能设备参考功率计算及功率分配策略

如 4.2 节所述，储能设备的实时输出功率由式（4.4）或（4.5）确定，其中储能设备输出功率参考值的确定要考虑风电输出功率参考目标和储能设备的荷电状态。另外，对风电输出功率波动的补偿要通过实时控制 HESS 中储能设备发出的功率来实现，为提高平抑效果，需要合理的功率分配策略，为此模糊控制规则[56, 58, 60, 185]被广泛采用以对 HESS 的储能设备进行功率分配，避免储能设备荷电状态越限。输出功率参考值的计算步骤如下。

首先，预测超级电容和蓄电池的荷电状态，将其作为模糊控制的输入量。分别考虑由超级电容和蓄电池单独补偿风电输出功率的波动后的荷电状态，有

$$\text{SOC}_{pi}^t = \frac{[(1 - r_{\text{SDC}i})E_i^{t-1} + \min(\Delta P_{WD}^t, P_{\max i}^t)\Delta t\eta_{Ci}]}{E_{\text{rated}i}} \quad (i = SC, B) \tag{4.15}$$

$$\text{SOC}_{pi}^t = \frac{[(1 - r_{\text{SDC}i})E_i^{t-1} + \dfrac{\max(\Delta P_i^t, -P_{\max i}^t)\Delta t}{\eta_{Di}}}{E_{\text{rated}i}} \quad (i = SC, B) \tag{4.16}$$

其次，根据图 4.3 所示的隶属度函数和表 4.2 所示的模糊控制规则[57, 60]计算隶属度

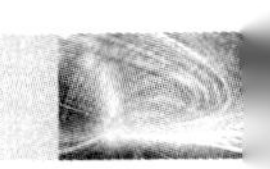

值及对应的规则。

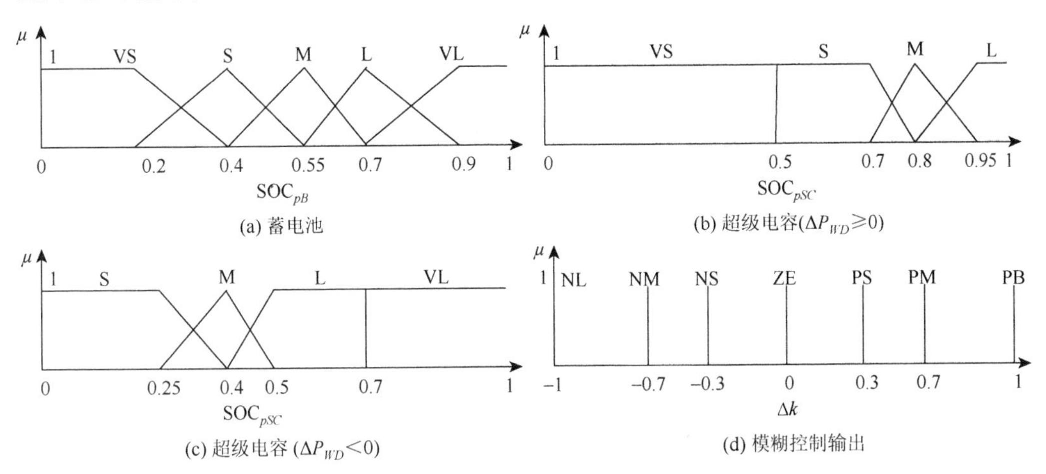

图 4.3　隶属度函数

表 4.2　模糊控制规则

储能技术	SOC^t_{pSC}							
	$\Delta P_{WD}\geqslant 0$				$\Delta P_{WD}<0$			
	VS	S	M	L	S	M	L	VL
VS	ZE	NS	NL	NL	PM	PS	ZE	ZE
S	ZE	ZE	NL	NL	PL	PM	ZE	ZE
M	ZE	ZE	NL	NL	PL	PL	ZE	ZE
L	ZE	ZE	NM	NL	PL	PL	ZE	ZE
VL	ZE	ZE	NS	NM	PL	PL	PS	ZE

再次，解模糊计算得到储能设备的功率修正系数[56-58, 60, 185]为

$$\begin{cases} b^t=\dfrac{\sum\limits_i\sum\limits_j \mu_i(\mathrm{SOC}^t_{pSC})\mu_j(\mathrm{SOC}^t_{pB})\Delta k_{ij}}{\sum\limits_i\sum\limits_j \mu_i(\mathrm{SOC}^t_{pSC})\mu_j(\mathrm{SOC}^t_{pB})} \\ i=\begin{cases}\mathrm{VS, S, M, L}, & \Delta P\geqslant 0\\ \mathrm{S, M, L, VL}, & \Delta P<0\end{cases}, \quad j=\mathrm{VS, S, M, L, VL}\end{cases} \tag{4.17}$$

最后，根据下式[78]计算储能设备的输出参考功率：

$$\begin{cases} 当\Delta P^t_{WD}\geqslant 0时, & P^t_{\mathrm{ref}SC}=(1+b^t)\Delta P^t_{WD}, & P^t_{\mathrm{ref}B}=-b^t\Delta P^t_{WD} \\ 当\Delta P^t_{WD}<0时, & P^t_{\mathrm{ref}SC}=(1-b^t)\Delta P^t_{WD}, & P^t_{\mathrm{ref}B}=b^t\Delta P^t_{WD}\end{cases} \tag{4.18}$$

计算得到储能设备的输出参考功率后，其实时输出功率要根据式（4.4）或（4.5）决定。由图 4.3 和表 4.2 可见，当 $\Delta P_{WD}\geqslant 0$ 时 $\mathrm{SOC}_{pSC}\leqslant 0.5$ 和 $\Delta P_{WD}<0$ 时 $\mathrm{SOC}_{pSC}>0.7$

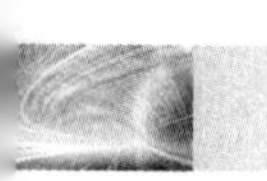

视为超级电容有充足的剩余电量，风电输出功率的波动部分完全有超级电容补偿；若超级电容剩余电量不足，则由蓄电池和超级电容共同补偿风电输出的波动部分。

4.4 基于 CAMPSO 算法的 HESS 多目标优化配置求解

4.4.1 求解变量的离散化处理

采用 CAMPSO 求解 HESS 多目标优化配置问题。粒子的每一位置代表一可行配置方案，设粒子位置在区间[0,1]上，决策变量及其与粒子位置对应关系可表示为

$$\begin{array}{c}[E_1,E_2,\cdots,E_{N_B}\ E_1,E_2,\cdots,E_{N_{SC}}\ P_1,P_2,\cdots,P_{N_B}\ P_1,P_2,\cdots,P_{N_{SC}}] \\ [\underbrace{\underbrace{x_1,\ x_2,\cdots,\ x_{N_B}}_{\text{蓄电池}}\ \underbrace{x_1,\ x_2,\cdots,\ x_{N_{SC}}}_{\text{超级容器}}}_{\text{额定容量}}\ \underbrace{\underbrace{x_1,x_2,\cdots,x_{N_B}}_{\text{蓄电池}}\ \underbrace{x_1,x_2,\cdots,x_{N_{SC}}}_{\text{超级容器}}}_{\text{额定功率}}]\end{array} \tag{4.19}$$

设储能设备的单位额定功率和容量分别为 P_{urated} 和 E_{urated}，储能设备功率和容量的上限分别为 $P_{\max}$ 和 $E_{\max}$，则粒子位置 x 与决策变量 E 和 P 的对应关系分别为

$$\begin{cases} E_{ij} = \text{round}\left(x_j \dfrac{E_{\max i}}{E_{\text{urated}}} \right) E_{\text{urated}} & (i = SC, B) \\ P_{ij} = \text{round}\left(x_j \dfrac{P_{\max i}}{P_{\text{urated}}} \right) P_{\text{urated}} & (j = 1,2,\cdots,N_{SC}\text{或}N_B) \end{cases} \tag{4.20}$$

4.4.2 求解流程

HESS 多目标优化配置求解中一个重要的环节就是对某优化方案进行评估（对种群中的粒子进行评价），即求取该方案对应的目标函数值或粒子的适应度值。设已知某种群规模为 P，则对该种群进行评价的流程阐述如下，示意图如图 4.4 所示。

步骤 1：读取种群各粒子的位置，根据式（4.20）粒子位置与决策变量的对应关系，对储能设备的功率和容量离散化，得与种群各粒子对应的 HESS 优化配置方案。初始化 $P_{WD}^{0}{}^{*}$ 、E_{SC}^{0} 和 E_{B}^{0}，设置 $p=1$，$t=1$。

步骤 2：读取 t 时刻风电实时输出功率 P_{WD}^{t} 及 $P_{WD}^{t-1}{}^{*}$、E_{SC}^{t-1} 和 E_{B}^{t-1}，根据式（4.6）或（4.7）得超级电容和蓄电池在该时段内的最大允许充/放电功率 $P_{\max SC}^{t}$ 和 $P_{\max B}^{t}$，根据式（4.9）得 t 时段的风电功率平抑目标参考值 $P_{WD\text{ref}}^{t}$ 。

步骤 3：估算 t 时段结束时，储能设备的荷电状态，根据荷电状态和 ΔP_{WD} 及其对应的荷电状态隶属度函数，由式（4.17）计算得 t 时刻的 HESS 功率修正系数 b^{t}。

步骤 4：根据式（4.18）计算得 t 时刻的超级电容和蓄电池的参考输出功率 $P_{SC\text{ref}}^{t}$ 和 $P_{B\text{ref}}^{t}$。

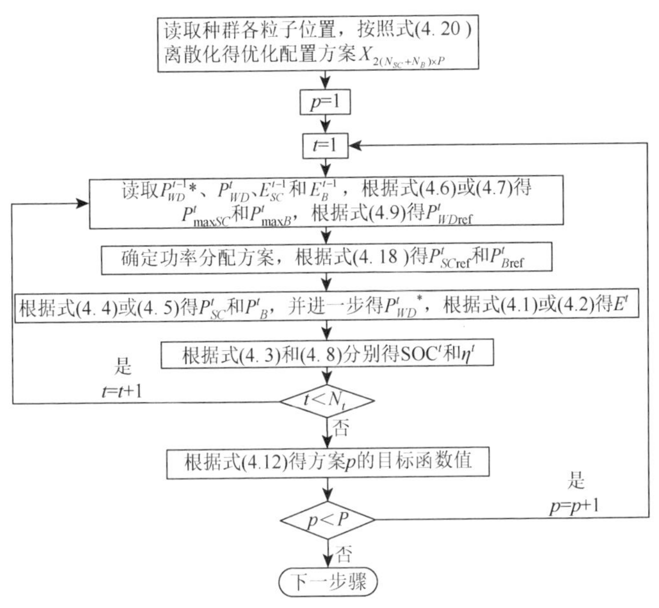

图 4.4　优化配置方案评估流程图

步骤 5：根据式（4.4）或（4.5）确定超级电容和蓄电池的实际输出功率 P_{SC}^{t} 和 P_{B}^{t}，并进一步得到经过补偿后的风电输出功率 $P_{WD}^{t}{}^{*} = P_{WD}^{t} + P_{SC}^{t} + P_{B}^{t}$。根据式(4.1)或(4.2)计算出 t 时段结束时储能设备的剩余电量 E_{SC}^{t} 和 E_{B}^{t}。

步骤 6：根据式（4.3）得 t 时段结束时储能设备的荷电状态 SOC_{SC}^{t} 和 SOC_{B}^{t}，根据式（4.8）计算出风电输出功率的平滑率 η^{t}。

步骤 7：若 $t=N_t$，则转步骤 9；否则，$t=t+1$，转步骤 2。

步骤 8：计算方案 p 的目标函数值。

步骤 9：若 $p=P$，则结束；否则，$p=p+1$，转步骤 1。

HESS 多目标优化配置求解即利用 CAMPSO 算法确认出优化配置方案解集，其流程框图如图 4.5 所示，下面详细说明操作流程。

步骤 1：读取系统参数、初始化种群。输入储能设备参数、CAMPSO 算法参数。初始化种群中的每一个体对应的优化配置方案。

步骤 2：对种群 P 中的每一个体进行评估，确认出 P 中的非支配粒子。根据图 4.4 对种群 P 进行评估，得到每一粒子对应的目标函数值，根据非支配排序，确认出种群 P 中的非支配粒子。

步骤 3：按照式（2.9）更新 P 中的每一个粒子的 p_g，并更新个体最优 p_i。

步骤 4：产生新种群。按照式（2.4）和（2.7）更新种群 P 中粒子的速度和位置以形成新的种群 Q。根据图 4.4 对种群 Q 进行评估得到 Q 中粒子相对应的目标函数值，组合种群 P 和 Q 构成种群 R。

步骤 5：对种群 R 进行非支配排序，将确认出的所有非支配解和被支配解并储存在 ND_list 和 D_list 中。

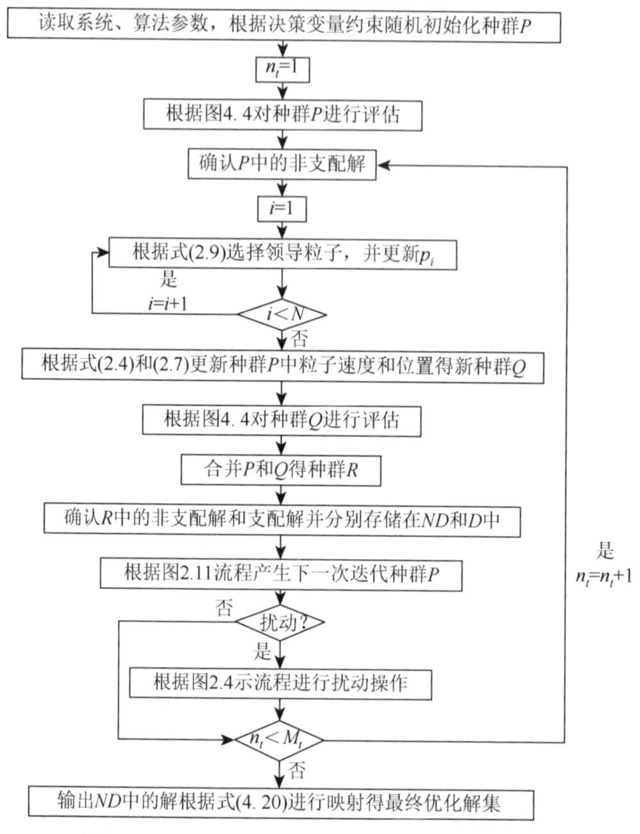

图 4.5　HESS 多目标优化配置方案求解流程图

步骤 6：根据图 2.11 流程，选择下一次迭代的粒子。

步骤 7：判断是否达到扰动施加条件，根据图 2.4 进行相关操作。

步骤 8：若没有达到迭代次数 M_t，则转步骤 3；否则，执行步骤 9。

步骤 9：输出 ND_list 中的每一粒子并映射后作为优化问题最终的优化解集。

4.5　仿真与分析

超级电容器和蓄电池的允许放电深度分别为 0.25～0.95 和 0.2～0.9，自放电率近似为零，充放电效率分别为 100%和 80%，初始荷电状态均设为 0.55，单位额定容量分别设为 1 MW·h，单位充放电功率分别为 0.1 MW 和 1 MW。超级电容器和蓄电池的性能参数及其他系统参数如表 4.3[148]所示。

表 4.3　超级电容器和蓄电池的性能参数

名　称	超级电容	蓄电池
额定功率费 C_P/(美元/kW)	366	315

续表

名　称	超级电容	蓄电池
额定容量费 C_E/(美元/(kW·h))	370 000	325
寿命 L/年	50	20
充放电效率 η/%	100	80
功率变换设备费用 C_C/(美元/kW)	153	173
处置费用 C_D/(美元/kW)	1.5	1.4
年固定运行维护费用 $C_{f\text{OM}}$/(美元/kW)	13.1	17.6
年变化运行维护费用 $C_{v\text{OM}}$/(美元/kW)	6.8	6.5
荷电状态 SOC_{min} 和 SOC_{max}	[0.25,0.95]	[0.4，0.8]
最大额定容量/(MW·h)	5	40
最大额定功率/MW	15	30

假设风电输出功率服从均值为 50 MW、方差为 15 MW 的正态分布，仿真时间为 3000 min，风电的输出功率如图 4.6 所示，采样时间 $\Delta t = 3\text{min}$，风电平滑率区间阈值 $\delta = 0.02$。用第 2 章所提算法 CAMPSO 求解 HESS 储能设备的额定容量和额定功率，优化配置方案在目标函数空间的分布如图 4.7 所示，所得优化配置方案及其对应的目标函数值如表 4.4 所示。由表 4.4 和图 4.7 可以看出，随着风电平滑率合格率的不断增大，储能设备的额定容量和额定功率在变大，混合储能系统的成本也在不断增加，尤其是当平滑合格率大于 94.01%时，混合储能系统的成本显著增加。以表 4.4 中的配置方案 9 为例，对 HESS 的平滑效果进行分析。图 4.6 所示为风电平抑前后的风电输出功率比较。

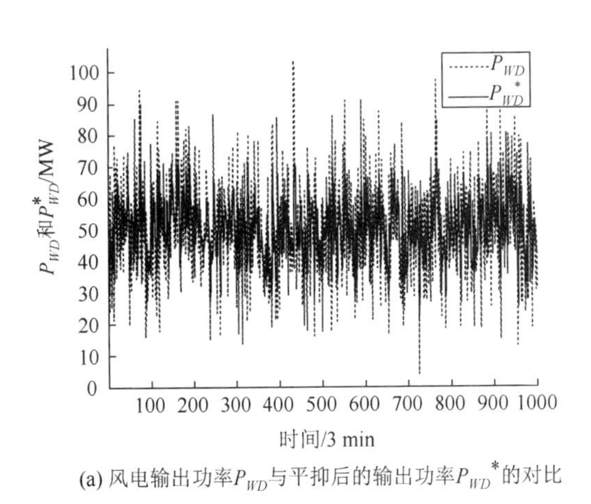

(a) 风电输出功率P_{WD}与平抑后的输出功率P_{WD}^*的对比

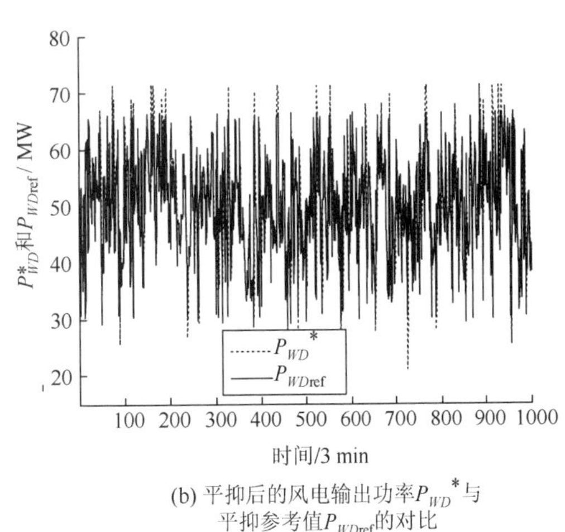

(b) 平抑后的风电输出功率P_{WD}^*与平抑参考值P_{WDref}的对比

图 4.6　HESS 对风电输出功率的平滑效果

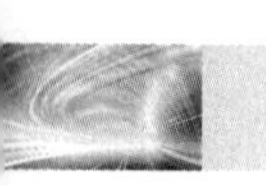

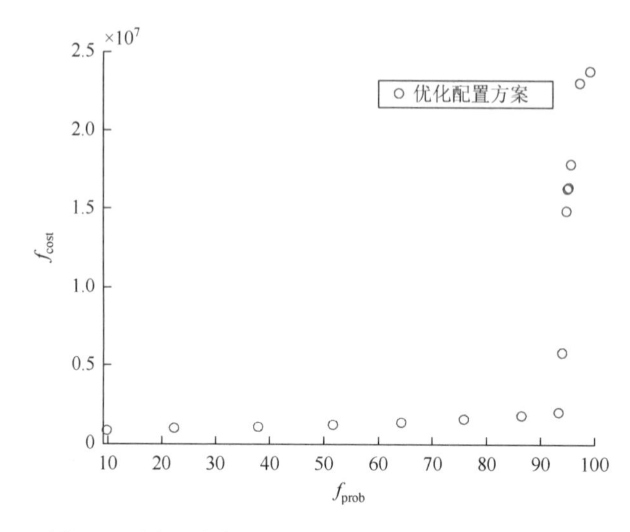

图 4.7 储能设备优化配置方案在目标函数空间的分布

表 4.4 优化配置方案及其对应的目标函数值

编号	配置方案				目标函数值	
	超级电容		蓄电池			
	额定容量 /(MW·h)	额定功率 /MW	额定容量 /(MW·h)	额定功率 /MW	f_{cost}	f_{prob}
1	0.1	1	1	2	9.79	8.48×10^5
2	0.1	1	2	4	22.28	9.78×10^5
3	0.1	1	3	5	37.86	1.11×10^6
4	0.1	1	4	9	51.75	1.25×10^6
5	0.1	1	5	13	64.24	1.40×10^6
6	0.1	1	8	14	75.82	1.58×10^6
7	0.1	1	10	18	86.51	1.79×10^6
8	0.1	1	17	20	93.31	2.01×10^6
9	0.6	4	19	20	93.01	5.83×10^6
10	1.8	10	18	20	93.81	1.49×10^7
11	2.0	11	13	20	95.00	1.63×10^7
12	2.0	11	16	20	95.30	1.63×10^7
13	2.2	12	18	20	95.70	1.79×10^7
14	2.9	15	13	20	97.40	2.30×10^7
15	3.0	16	14	20	99.20	2.39×10^7

由图 4.6 可见，HESS 明显降低了风电输出功率的波动程度，94%的时段风电波动控制在参考功率±2%以内。但是仍有时段补偿后的输出功率与参考功率相差较大，如 $t=437$ 时段时风电平滑参考功率为 66.25 MW。由于前一时段即 $t=436$ 时风电的实时功

率比较大，超级电容和蓄电池处于充电状态，且荷电状态处较高，此时，不能吸收风电波动部分，最终风电补偿后的输出功率为 70.63 MW。图 4.8 为超级电容和蓄电池的荷电状态波动曲线，可见，储能设备的荷电状态有效地控制于合理的范围内，避免饱和或枯竭对设备寿命的影响。

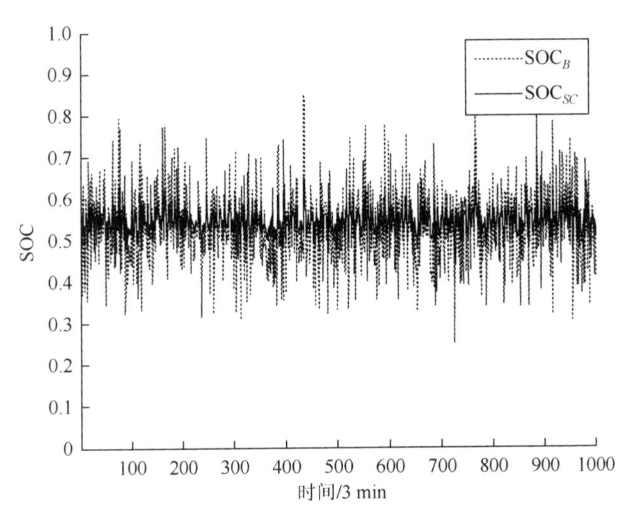

图 4.8 超级电容与蓄电池的荷电状态曲线

4.6 本章小结

本章以风电为例，研究混合储能系统在平滑不可控性 DG 输出功率中的优化配置问题，使用由超级电容器和蓄电池组成的混合储能系统补偿风电输出功率的波动，为了有效利用储能设备剩余电量，延长蓄电池的使用寿命，以较小的投资获得较大的平滑效果，建立以最小化混合储能设备投资和运行维护费用、最大化风电输出合格率的混合储能多目标优化配置数学模型，采用模糊控制规则对储能设备的功率进行分配，应用 CAMPSO 算法求解，得到一组关于平滑效果与混合储能设备投资和运行维护费用折中的多样性优化配置方案。根据算例仿真结果，HESS 多目标优化配置能够得到平滑效果与 HESS 设备投资和运行维护费用的关系，多样性方案可供决策者根据投资和系统性能要求进行选择；对 HESS 储能设备的优化配置辅之以模糊控制规则，可以有效降低风电输出功率的波动，同时，储能设备的荷电状态有效地控制在合理的范围内，避免饱和或枯竭对设备寿命的影响。

本章和第 3 章分别研究 HESS 和 DG 的优化配置，配置合理能有效地提高分布式能源利用的效率，提高电力系统运行的安全性、经济性和对重要负荷供电的可靠性。配电网无功优化是配网优化运行的重要手段，如果能充分发挥各并网 DG 的无功补偿能力，将有效地减少电压波动和设备动作次数，有助于提高配电网的运行水平，下一章将研究含 DG 的配电网无功优化问题。

第5章

含分布式电源的配电网多目标无功优化策略

5.1 引 言

为了发挥 DG 并网优势，规避其接入对配电网的负面影响，第 3 章和第 4 章研究了 DG 的优化配置问题。DG 接入配电网后，配电网的结构和运行控制方式都将发生巨大改变，网络重构和无功优化作为配电网优化运行的主要方式，都可以保证电网的安全运行，降低网损，改善电压质量，并提高系统运行的经济性等。本章着重阐述含 DG 的配电网无功优化问题。

电力系统无功优化是保障电力系统安全、经济运行的有效手段和提高系统电压质量的重要措施之一，是现代电力规划和系统运行所面临的重要研究课题。无功优化是指在系统有功负荷、有功电源及有功潮流分布已经给定的情况下，通过优化计算，调整可调变压器变比、补偿电容器投切容量和发电机端电压等控制变量，在满足控制变量以及 PQ 节点电压和发电机无功出力等状态变量上下限约束的条件下，使系统的某个或多个性能指标达到最优的无功调节手段[79-82]。

为了实现 DG 与主网之间的连接和电能交换，DG 能源，尤其是各种可再生能源，一般需要采用并网逆变器作为与电网的接口。根据配电网现状，基于系统的安全运行，IEEE 1547[186]建议中小容量的 DG 并网后，应避免主动参与电压控制。因此，目前分布式发电系统的并网逆变器通常仅仅设计为向电网传送有功功率的接口[25, 26]。DG 能否向电网提供无功补偿在于其并网形式[83]：恒速异步风力发电机，在向电网输出有功的同时从电网吸收无功，不具备电压调节能力；变速恒频双馈风电机组能够按系统调度在其容量范围内发出或吸收无功；燃料电池、光伏系统等发出直流或高频交流电的 DG 通过控制并网逆变器，也能够提供电网所需的无功功率；微型燃气轮机、生物质能等以励磁电压可调型同步发电机形式直接并网的 DG，也能输送一定容量的无功功率。

如果能充分发挥各并网 DG 的无功补偿能力，将有效地减少电压波动和设备动作次数，有助于提高配电网的运行水平[25, 26]。因此，在 DG 渗透率逐渐上升的情况下，考虑如何利用提供无功补偿的并网 DG 与传统的电压调节手段相结合，实现含 DG 的配电网无功优化，成为重要的研究问题[25-27]。但是，如第 1 章和第 3 章所述，DG 并网，必然会改变配电网的潮流分布，从而对节点电压和网络损耗等产生重大影响，而对配电网造成的影响与并网 DG 的位置、容量、接入方式和运行方式密切相关。因此，含 DG 的配电网无功优化建模比传统无功优化复杂，必须综合考虑系统经济运行、电能质量和可靠性要求、DG 的配置和运行方案，以及 DG 与传统无功电压控制手段的配合，从而实现含有 DG 的配电网的电压优化控制[25]。含 DG 的配电网无功优化问题的多目标性使得解决各目标函数之间的协调成为首要考虑的问题，由于加权法[91-94]和判断矩阵法[109]等将多目标优化问题转化为单目标处理的方法主要依赖于专家经验，缺乏科学依据，寻找具有良好的收敛性和多样性，能够有效处理多维、离散和连续变量

共存的优化工具是解决多目标无功优化（multi-objective reactive power optimization，MORPO）问题的关键。

为以最省的无功设备投资、最大限度地保证系统经济运行和确保供电质量，增加解决问题的灵活性，本章将构建含 DG 的配电网多目标无功优化模型，将能够提供无功功率的 DG 与传统的无功调节手段相结合，引入电压偏好以满足特殊用户对电能质量的需求，以最小化系统无功设备投入（或最小化无功补偿量）、最小化系统损耗和最小化系统电压偏差为目标函数，采用第 2 章提出的 CAMPSO 算法解决此多目标优化问题。为验证本章所提多目标优化模型及 CAMPSO 应用的可行性和有效性，以含 DG 的 IEEE33 节点系统多目标无功优化为例进行仿真和分析。

5.2　含 DG 的配电网多目标无功优化数学模型

5.2.1　目标函数

配电网无功优化是保障网络安全、经济运行的有效手段和提高系统电能质量的重要措施之一，网络运行的经济性对于企业效益和社会效益具有十分重要的意义，因而传统无功优化大都是从经济利益的角度针对减少系统有功损耗的单目标优化问题。系统有功损耗的数学表达式可以表示为

$$\min f_{\text{Ploss}} = \sum_{k=1}^{N_{\text{bra}}} G_{k(i,j)}[V_i^2 + V_j^2 - 2V_iV_j\cos(\theta_i - \theta_j)] \tag{5.1}$$

式中 N_{bra} 为支路总数；$G_{k(i,\ j)}$为连接节点 i 和 j 的支路 k 的电导；V 和 θ 分别为节点电压幅值和电压相位。

随着经济社会的发展对电能质量的要求越来越显现，在考虑经济性的同时也不得不兼顾电能质量。电压是电力系统电能质量的重要指标之一，在诸多电能质量问题中，电压波动过大造成的危害最为广泛，不但直接影响电气设备的性能，还将给系统的稳定和安全运行带来困难，甚至引起系统电压崩溃，造成大面积停电[104]。可见，随着对电网运行质量和经济效益要求的日益提高，电力系统运行的经济性、安全性和供电质量已经不能随意地取舍，应该建立考虑电能质量的多目标无功优化模型，尽可能地代表各方利益，全面反映运行经济性、系统稳定、安全和供电质量指标。

系统节点电压是检验系统安全性和电能质量的重要指标之一[79, 109]。选择电压与指定电压的偏差作为目标函数之一，保证电压质量的要求，使节点系统节点电压与其期望值之差的平方和最小，即

$$\min f_{\Delta V} = \sum_{i=1}^{N_L} \left(\frac{V_i - V_i^{\text{spec}}}{\Delta V_i^{\max}} \right)^2 \tag{5.2}$$

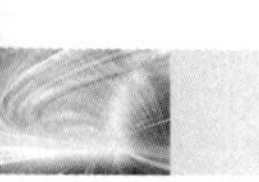

式中 N_L 为负荷节点数；$\Delta V_i^{\max}$ 为节点 i 允许的最大电压偏差；V_i^{spec} 为节点 i 的期望电压幅值。

DG 的开发商有配网公司、大用户和独立发电商[25, 187]，随着电力市场的开展及无功功率定价机制的逐步完善，有些大用户或独立发电商也会主动向电网卖出无功功率作为无功调节手段。在此电力市场环境下厂网分开，专家学者意识到无功合理定价的必要性和重要性，认为基于电力市场的优化模型应在无功发电成本和无功补偿成本合理定价的基础上实施。遂有学者考虑无功成本的电力市场下的无功优化模型，如以无功设备投入最省[108]、无功补偿容量最小，以及有功损耗[111]和无功费用总成本最小[188]为（子）目标函数。简单来讲，电力市场环境下，无功优化的目标是以最省的无功设备投资，最大限度地保证系统经济、安全运行和提高供电质量。无功投资最省，也就是无功补偿设备容量或投资最小。无功补偿设备容量（投资）$f_{\text{cost/Q}}$ 最小可表示为

$$\min f_{\text{cost/Q}} = \sum_{s\in N_C} C_{\text{CAP}s} \mid Q_{qs} \mid \tag{5.3}$$

式中 $s\in N_C$ 为无功补偿设备可调节点；Q_{qs} 和 $C_{\text{CAP}s}$ 分别为节点 s 的无功补偿设备实际投入容量和设备单位容量投资，当 $C_{\text{CAP}s}=1$ 时式（5.3）是最小化无功补偿容量。

5.2.2 约束条件及决策变量表述

变量约束分为控制变量约束和状态变量约束。传统无功优化中，控制变量为发电机机端电压幅值、可调变压器的分接头位置、补偿电容器的投切组数；状态变量为发电机无功出力、负荷节点电压幅值 V。本章选定可向电网提供无功的 DG 无功功率容量 Q_{DG}、无功补偿设备出力 Q_{C} 作为控制变量，负荷节点电压 V 为状态变量。控制变量和状态变量必须在规定的限值内变化以确保供电质量及配电网络的安全性和经济性。考虑到电网运行要求和自然条件限制，含 DG 的配电网无功优化的等式约束条件为 DG 接入后的有功和无功功率潮流平衡方程，表示为

$$\begin{cases} P_{\text{G}i} + P_{\text{DG}i} - P_{\text{L}i} = V_i \sum\limits_{j=1}^{Nb} V_j (G_{ij}\cos\delta_{ij} + B_{ij}\sin\delta_{ij}) \\ Q_{\text{G}i} + Q_{\text{DG}i} + Q_{\text{C}i} - Q_{\text{L}i} = V_i \sum\limits_{j=1}^{Nb} V_j (G_{ij}\sin\delta_{ij} - B_{ij}\cos\delta_{ij}) \end{cases} \tag{5.4}$$

式中 P_{G} 和 Q_{G} 分别为发电机注入的有功和无功功率；P_{L} 和 Q_{L} 分别为负荷消耗的有功和无功功率；B 为电纳；P_{G} 为 DG 的有功输出；Q_{DG} 和 Q_{C} 分别为 DG 无功功率容量和无功补偿设备的无功容量。

不等式约束是一系列安全性约束，它们一般是对发电机电压的约束、发电机无功出力的约束、对可调变压器变比的约束、对无功补偿量的约束，对负荷节点电压的约束，以及对 DG 无功出力的约束，依次为

$$V_{\mathrm{G}i\min} \leqslant V_{\mathrm{G}i} \leqslant V_{\mathrm{G}i\max} \quad (i=1,2,\cdots,N_{\mathrm{G}}) \tag{5.5}$$

$$Q_{\mathrm{G}i\min} \leqslant Q_{\mathrm{G}i} \leqslant Q_{\mathrm{G}i\max} \quad (i=1,2,\cdots,N_{\mathrm{G}}) \tag{5.6}$$

$$T_{j\min} \leqslant T_j \leqslant T_{j\max} \quad (j=1,2,\cdots,N_{\mathrm{T}}) \tag{5.7}$$

$$C_{k\min} \leqslant C_k \leqslant C_{k\max} \quad (k=1,2,\cdots,N_{\mathrm{C}}) \tag{5.8}$$

$$V_{l\min} \leqslant V_l \leqslant V_{l\max} \quad (l=1,2,\cdots,N_B) \tag{5.9}$$

$$Q_{\mathrm{DG}g\min} \leqslant Q_{\mathrm{DG}g} \leqslant Q_{\mathrm{DG}g\max} \quad (g=1,2,\cdots,N_{\mathrm{DG}}) \tag{5.10}$$

式中 N_{G}、N_{T}、和 N_{C} 分别为发电机、可调变压器和无功补偿设备节点个数；min 和 max 分别表示下限值和上限值。

控制变量是对电力系统进行无功优化时的操控对象，含 DG 的配电网无功优化中，除发电机机端电压和 DG 无功出力 Q_{DG} 为连续变量外，其余的电容投切量和有载可调变压器变比均为离散变量，控制变量可表示为

$$[V_1,V_2,\cdots,V_{N_{\mathrm{G}}} \mid Q_{\mathrm{DG}_1},Q_{\mathrm{DG}_2},\cdots,Q_{\mathrm{DG}_{N_{\mathrm{DG}}}} \mid T_1,T_2,\cdots,T_{N_{\mathrm{T}}} \mid C_1,C_2,\cdots,C_{N_{\mathrm{C}}}] \tag{5.11}$$

在粒子群进化计算过程中，上述决策变量在迭代中采用连续的实数编码，在潮流计算时对 Q_{C} 和 T 离散化。

无功优化中的状态变量包括发电机无功出力和各节点电压，由潮流方程决定。

5.2.3　无功优化中的电压偏好

如第 3 章所述，电力系统中各种用户并存，用户性质的不同决定其对电能质量的需求存在差异。电压是衡量电能质量的重要指标，系统中特殊用户对电压有特殊要求，采取电压偏好满足此类用户的要求，即

$$\begin{cases} V_{sUP} = V_{s\max} - N_{sP}K_{sP}M_{sP} \\ V_s(s) = V_{s\min} + N_{sP}K_{sP}M_{sP} \end{cases} \tag{5.12}$$

式中 $s \in [1,2,\cdots,N_{\mathrm{bus}}]$ 为有电压偏好要求的节点；$N_P = 0$ 或 1，为偏好判别因子，1 代表有电压偏好需求，0 代表没有；$K_P \in [0, 1]$为偏好度，取值越大对电压的偏好要求越高，当 K_P 取 0 时，表明该属性无偏好需求；M_P 为最大偏好量。

电压偏好能够满足电力系统中用户的多样化需求，有电压偏好的特殊用户可以根据实际需要对偏好度值进行改变。

由式（5.1）～（5.3）不难发现，目标函数之间不是简单的线性关系，多目标无功优化问题的目标空间是一个多维、连续和离散变量并存且不一定为凸的空间，将该多目标问题转化为单目标问题的方法并不能反映出子目标之间的关系，不能有效地提供多样化的选择，不是处理多目标无功优化问题最好的选择。多目标优化的本质在于，各目标函数有可能是相互冲突的，要同时一起达到最优不太可能，而只能在它们之间进行协调

和折中处理。多目标优化方法无须事先给出目标函数之间的优先关系，对非凸、离散空间也有良好的搜索能力，能够更有效地处理子目标之间相互冲突的问题，提高最优解的质量，为决策者提供一组灵活选择的多样解。

5.3 基于 CAMPSO 算法的多目标无功优化问题求解

5.3.1 离散变量的离散化

含分布式发电的配电网多目标无功优化即在满足式（5.4）～（5.10）等各种运行约束的条件下，通过多目标优化算法最小化目标函数（5.1）～（5.3），得到一组关于控制变量（发电机的机端电压、DG 的无功输出、有载可调变压器变比和无功补偿设备的投入量等）非劣解。

在粒子群进化计算过程中，由于决策变量在迭代中采用连续的实数编码，电容投切量和有载可调变压器变比均为离散变量，在潮流计算时要对 Q_C 和 T 进行离散化。假设有载可调变压器变比下上限分别为 T_{min} 和 T_{max}，抽头数为 T_N，通过优化工具所得一有载可调变压器变比为 T_{temp}，则根据式（5.13）对 T_{temp} 离散化得

$$T = \text{round}\left(\frac{T_{temp}}{T_{max} - \dfrac{T_{min}}{T_N}}\right)\frac{T_{max} - T_{min}}{T_N} \tag{5.13}$$

然后更新对应支路的变压器变比进行潮流计算。

同理，假设无功补偿电容上限为 C_{max}，步长为 C_{unit}，通过优化工具所得一无功补偿电容值为 $C_{temp} \in [0, C_{max}/C_{unit}]$，则根据式（5.14）对 C_{temp} 离散化得

$$C = \text{round}(C_{temp})C_{unit} \tag{5.14}$$

然后更新对应节点的并联电纳进行潮流计算。

5.3.2 状态变量越限及潮流计算不收敛惩罚

对于控制变量，由于初始化及粒子群进化过程中的更新使其限制在约束范围内，但是无功优化的状态变量是通过潮流计算得到的，虽然控制变量满足约束条件，但是也有可能导致潮流计算不收敛或者节点电压和发电机无功等状态变量越限。如果潮流不收敛或状态变量越限，需要通过对控制变量的调整改变潮流分布，才能使这些变量返回界内[189]。如果某一个粒子对应的解造成潮流计算不收敛或状态变量越限，表示该解不合适，应该淘汰或减小对应粒子的适应度使其具有较低的生存能力。此时，面临以下两个问题。

（1）粒子的适应度与目标函数值密切相关。以最小化优化问题为例，单目标优化可以通过对目标函数施加惩罚项以降低粒子的适应度；但是，对于多目标优化，需要考虑惩罚项施加到哪一个目标函数上。

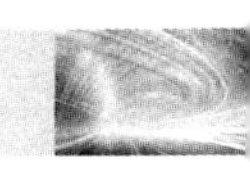

（2）虽然粒子对应的解造成潮流不收敛或状态变量越限，但是该粒子的存在是有一定的合理性的。如果对其惩罚过大，将淘汰该粒子，无法利用其潜在的有用信息；如果惩罚不够，会使算法收敛过慢。因此，也要考虑惩罚度的问题。

本章将惩罚函数同时等效地加到导致潮流计算不收敛或状态变量越限的粒子对应的所有的目标函数中，即保证对不良粒子评价的一致性；惩罚度与迭代次数、越限度联系，以有效利用粒子信息，使算法能够更快地收敛到较好值。计入惩罚函数的目标函数 i 表示为

$$f_i = f_i' + \frac{t}{N_t}\left(C_{\mathrm{pf}} P_{\mathrm{en1}} + \sum_{j}^{N_{\mathrm{B}}} \Delta V_j P_{\mathrm{en2}} + \sum_{k}^{N_{\mathrm{G}}} \Delta Q_k P_{\mathrm{en3}}\right) \tag{5.15}$$

式中 f_i' 和 f_i 分别为惩罚项施加前后第 i 个目标函数（值）；t 和 M_t 分别为当前代和最大迭代次数；C_{pf} 为 0 或者 1 变量，1 代表潮流计算收敛，0 代表不收敛；P_{en1}、P_{en2} 和 P_{en3} 分别为潮流计算不收敛、节点电压越限和发电机无功出力越限的最大惩罚值；ΔV_j 和 ΔQ_k 分别为节点电压越限量和发电机无功出力越限量，其表达式分别为

$$\Delta V_j = \begin{cases} V_j - V_{j\max}, & V_j > V_{j\max} \\ 0, & V_{j\min} \leqslant V_j \leqslant V_{j\max} \\ V_{j\min} - V_j, & V_j < V_{j\min} \end{cases} \tag{5.16}$$

$$\Delta Q_k = \begin{cases} Q_k - Q_{k\max}, & Q_k > Q_{k\max} \\ 0, & Q_{k\min} \leqslant Q_k \leqslant Q_{k\max} \\ Q_{k\min} - Q_k, & Q_k < Q_{k\min} \end{cases} \tag{5.17}$$

式中 V_j 和 Q_k 分别为节点电压和补偿节点的无功补偿量。

5.3.3　含 DG 的配电网多目标无功优化求解流程

2.7 节和 3.5 节已经验证了 CAMPSO 算法及带有偏好策略的 CAMPSO 算法的性能，本章将其应用于求解含 DG 的配电网无功优化问题。具体求解过程如下所述，求解示意图如图 5.1 所示。图 5.1 中涉及的潮流计算求解步骤如图 5.2 所示，下一次迭代粒子群的产生、非支配解的确认和变异操作等流程参照第 2 章。

步骤 1：读取系统参数，确定无功补偿的待补偿节点（以减少优化算法的搜索空间），设定算法种群规模 N、迭代次数 M_t、惯性权重和加速度系数。

步骤 2：初始化。根据步骤 1 系统参数，在决策变量约束范围内，随机初始化粒子群 P 的位置、速度和个体最优 p_i。

步骤 3：选择领导粒子并更新个体最优。将当前种群 P 中每一粒子的位置对应的决策变量变压器变比和无功补偿容量，分别按照式（5.13）和（5.14）离散化，更新配网相对应节点发电机机端电压、发电机无功出力、DG 有功和无功出力、有载变压器变比和无功补偿量进行潮流计算，得出每一粒子的目标函数值，确认 P 中的非支配解，按照式（2.5）更新每一粒子的 p_g，并更新个体最优 p_i。

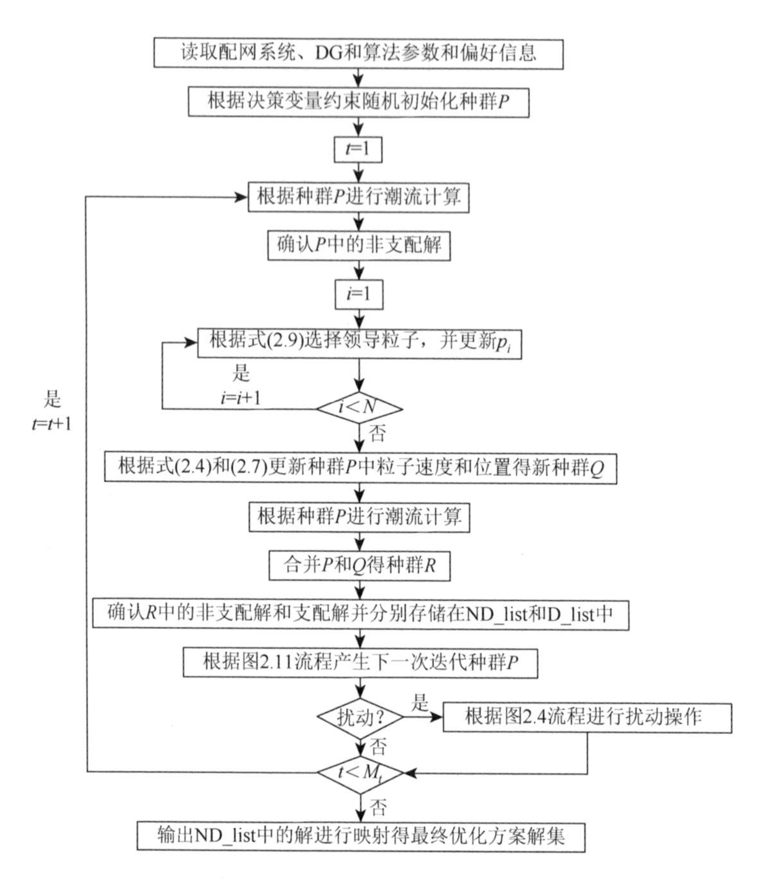

图 5.1　含 DG 的配电网多目标无功优化求解示意图

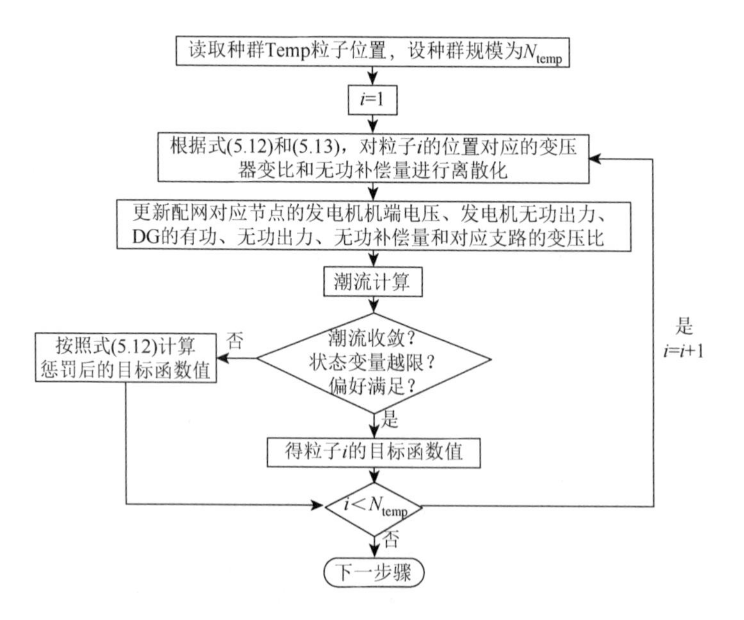

图 5.2　含 DG 的配电网无功优化潮流计算示意图

步骤 4：产生新种群。按照式（2.4）和（2.7）更新种群 P 中粒子的速度和位置以形成新的种群 Q。类似于步骤 3 进行潮流计算得到 Q 中粒子相对应的目标函数值，组合种群 P 和 Q 构成种群 R。

步骤 5：对种群 R 进行非支配排序，将确认出的所有非支配解和被支配解并分别储存在 ND_list 和 D_list 中。

步骤 6：根据图 2.11 流程，选择下一次迭代的粒子群。

步骤 7：判断是否达到扰动施加条件，根据图 2.4 进行相关操作

步骤 8：若没有达到迭代次数 M_t，则转步骤 3；否则，执行步骤 9。

步骤 9：输出 ND_list 中每一粒子并映射后作为优化问题最终的优化解集。

5.4 含 DG 的配电网多目标无功优化算例及其分析

如图 5.3 所示，以 IEEE 33 节点系统[172]作为应用算例，为了以合适的无功补偿减小系统有功损耗，降低电压偏差，采用 CAMPSO 算法求解 DG 的无功输出和无功补偿设备的补偿量。假设 DG_1 和 DG_2 均具有无功补偿能力，每个 DG 的有功出力为 1 MW，无功出力范围为–0.1～0.5 Mvar；两组并联补偿电容器的容量分别为 0.15 Mvar×4 和 0.15 Mvar×7。未安置 DG 和安置 DG 未优化时，系统有功网损分别为 0.2015 MW 和 0.1348 MW，电压偏差分别为 0.0916 和 0.0598。为了验证所构建模型的可行性和算法应用的有效性以及为了深入地研究采取不同目标函数时的多目标无功优化问题，更进一步地分析目标函数之间的关系，分别考虑 f_{loss} 和 $f_{cost/Q}$（C2）及 f_{loss} 和 $f_{\Delta V}$（C3）为目标函数时的两组仿真实验作为比较。

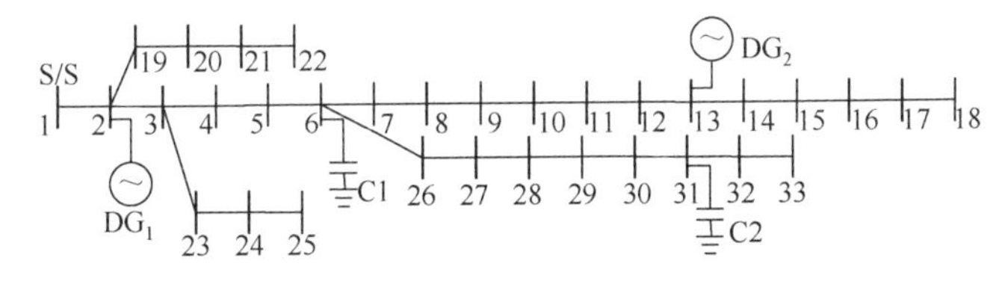

图 5.3 含 DG 和无功补偿设备的 IEEE 33 节点系统示意图

5.4.1 考虑不同目标时的无功优化

首先考虑第一种情况（C1），即以 f_{loss}、$f_{\Delta V}$ 和 f_Q 为优化目标函数，求解 DG 的无功输出 Q_{DG} 和无功补偿量 Q_C。优化方案集在目标函数空间的分布情况如图 5.4 所示，各优化方案及其对应的目标函数值如表 5.1 所示。由表 5.1 可见，与没有安装 DG 和没有无功优化相比，不论哪种优化方案，与其对应的系统有功损耗和电压偏差都明显得到改善。图 5.4 绘出了无功优化方案在目标函数空间的分布，可见，所得的优化方案分布较为均匀，优化方案具有多样性的特点。这对于决策者选择合情合理的方案是十分有帮助的。

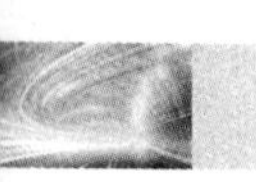

图示也反映出目标函数之间是不可比的，甚至是相互冲突的，没有一个优化方案能够使每一个目标函数同时达到最优。

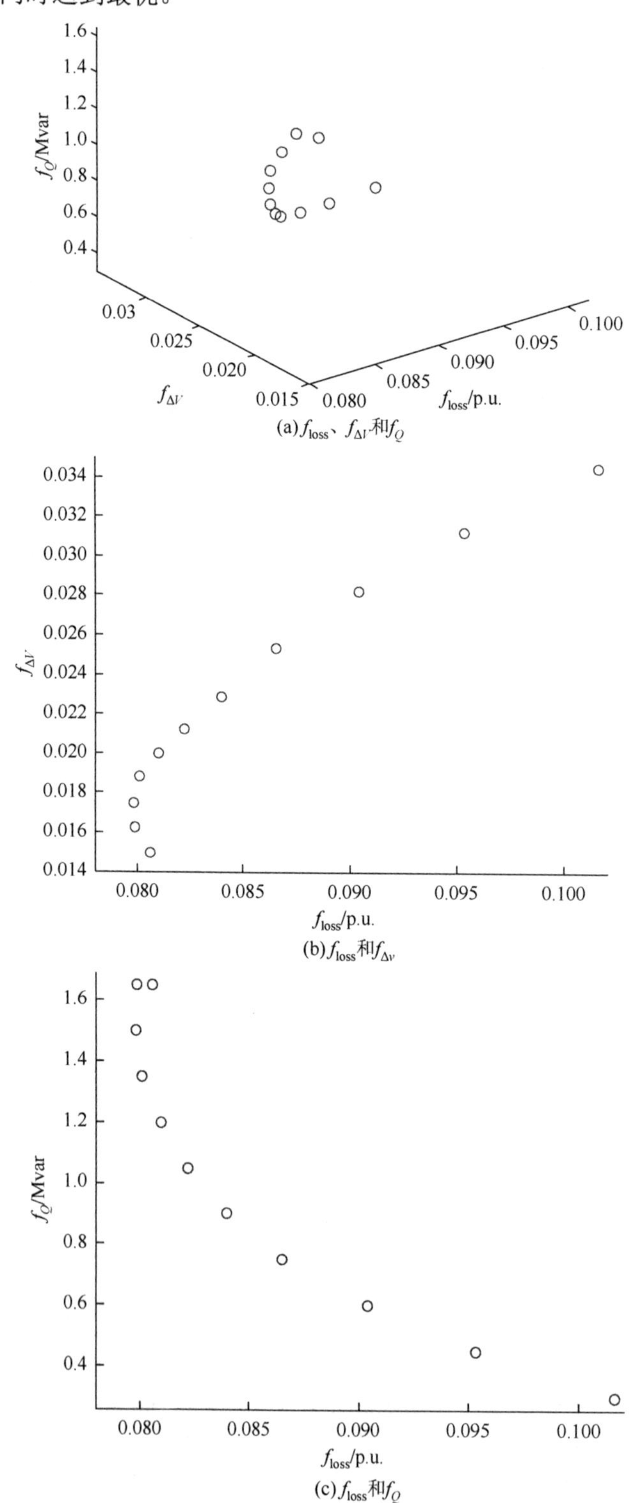

(c) f_{loss}和f_Q

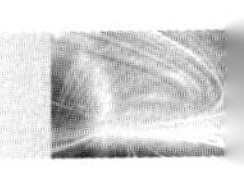

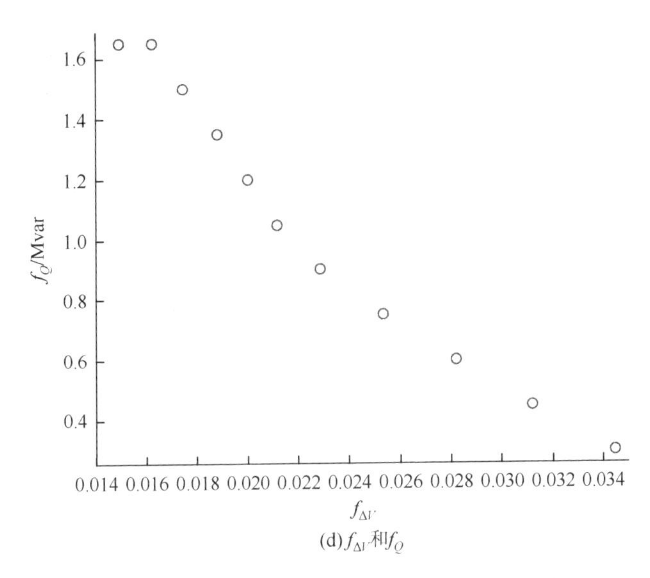

(d) $f_{\Delta V}$ 和 f_Q

图 5.4　无功优化方案集在目标函数空间的分布

表 5.1　C1 的优化方案集及其对应的目标函数值

优化方案	Q_{DG1}	Q_{DG2}	Q_{C1}	Q_{C2}	f_{loss}/p.u.	$f_{loss}\downarrow$/%		$f_{\Delta V}$	$f_{\Delta V}\downarrow$/%		f_Q
						无 DG	未优化		无 DG	未优化	
S1	0.16	0.42	0.60	0.90	0.0799	60.37	40.77	0.0175	80.93	65.66	1.50
S2	0.42	0.33	0.60	1.05	0.0799	60.36	40.74	0.0162	82.29	68.11	1.65
S3	0.50	0.40	0.45	0.90	0.0801	60.23	40.55	0.0188	79.49	63.08	1.35
S4	0.39	0.44	0.60	1.05	0.0806	59.99	40.20	0.0149	83.70	70.66	1.65
S5	0.46	0.49	0.45	0.75	0.0810	59.80	39.90	0.0200	78.16	60.69	1.20
S6	0.46	0.50	0.30	0.75	0.0822	59.21	39.03	0.0212	76.86	58.35	1.05
S7	0.46	0.48	0.15	0.75	0.0840	58.33	37.71	0.0229	75.06	55.09	0.90
S8	0.46	0.49	0.15	0.60	0.0865	57.07	35.83	0.0254	72.33	50.19	0.75
S9	0.37	0.50	0.15	0.45	0.0904	55.14	32.95	0.0282	69.23	44.61	0.60
S10	0.38	0.50	0.15	0.30	0.0953	52.70	29.30	0.0312	65.95	38.70	0.45
S11	0.30	0.50	0.15	0.15	0.1016	49.59	24.65	0.0345	62.39	32.29	0.30

为了深入了解考虑不同目标函数时的多目标无功优化与分析目标函数之间的关系，对考虑 f_{loss} 和 $f_{cost/Q}$（C2）和 f_{loss} 和 $f_{\Delta V}$（C3）为目标函数时的两种情况进行仿真。图 5.5（a）和（b）分别为两种情况下的优化方案在目标函数空间的分布情况。只考虑两目标函数时，如图 5.5（a）所示，总的无功设备容量 $f_{cost/Q}$ 与系统有功损耗相互冲突 f_{loss}；同样，如图 5.5（b）所示，f_{loss} 和 $f_{\Delta V}$ 也相互冲突且其关系与考虑 f_{loss}、$f_{\Delta V}$ 和 $f_{cost/Q}$ 三个目标函数时之间的关系（图 5.4（b））不同。表 5.2 列出了只考虑 f_{loss} 和 $f_{cost/Q}$ 两个目标函数时无功优化方案及其对应的目标函数值，表 5.3 列出了只考虑 f_{loss} 和 $f_{\Delta V}$ 两个目标函数时从图 5.5（b）中选出的用于比较的无功优化方案及其对应的目标函数值。很明显，两种情况下

的无功优化方案都对系统的有功损耗和电压偏差具有改善作用。同时，由图 5.5（b）可见，只考虑 f_{loss} 和 $f_{\Delta V}$ 两个目标函数时所得的无功优化方案多于其他两种情况，下文将进行分析。

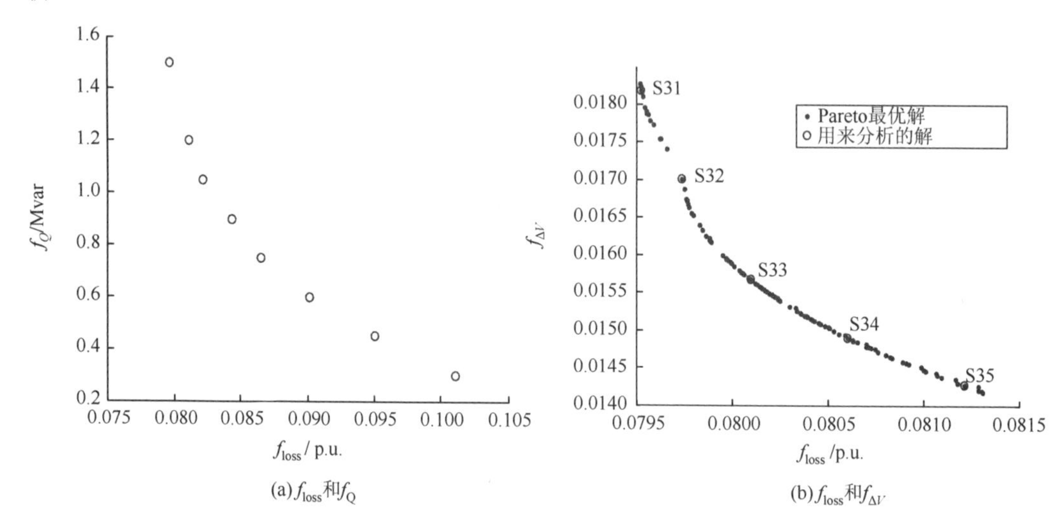

(a) f_{loss}和f_Q　　(b) f_{loss}和$f_{\Delta V}$

图 5.5　无功优化方案集在目标函数空间的分布

表 5.2　C2 的优化方案集及其对应的目标函数值

优化方案	Q_{DG1}	Q_{DG2}	Q_{C1}	Q_{C2}	f_{loss}/p.u.	f_{loss}↓/%		$f_{\Delta V}$	$f_{\Delta V}$↓/%		f_Q
						无 DG	未优化		无 DG	未优化	
S21	0.19	0.50	0.15	0.30	0.0958	52.48	28.96	0.0175	80.93	65.66	0.45
S22	0.25	0.50	0.15	0.45	0.0906	55.03	32.77	0.0283	69.11	52.68	0.60
S23	0.37	0.50	0.15	0.60	0.0866	57.02	35.75	0.0253	72.34	57.63	0.75
S24	0.37	0.50	0.30	0.60	0.0845	58.07	37.32	0.0239	73.94	60.08	0.90
S25	0.49	0.46	0.30	0.75	0.0823	59.16	38.95	0.0218	76.22	63.57	1.05
S26	0.32	0.49	0.45	0.75	0.0811	59.74	39.82	0.0202	77.98	66.27	1.20
S27	0.04	0.47	0.30	1.05	0.0816	59.50	39.45	0.0172	81.19	71.19	1.35
S28	0.25	0.40	0.60	0.90	0.0797	60.43	40.85	0.0177	80.73	70.48	1.50

表 5.3　用来比较的 C3 的优化方案集及其对应的目标函数值

优化方案	Q_{DG1}	Q_{DG2}	Q_{C1}	Q_{C2}	f_{loss}/p.u.	f_{loss}↓/%		$f_{\Delta V}$	$f_{\Delta V}$↓/%		f_Q
						无 DG	未优化		无 DG	未优化	
S31	0.5	0.49	0.6	1.05	0.0812	59.70	39.76	0.0143	84.43	71.96	1.65
S32	0.5	0.44	0.6	1.05	0.0806	60.00	40.21	0.0149	83.74	70.73	1.65
S33	0.5	0.37	0.6	1.05	0.0801	60.26	40.59	0.0157	82.90	69.21	1.65
S34	0.5	0.26	0.6	1.05	0.0797	60.43	40.86	0.017	81.43	66.58	1.65
S35	0.5	0.35	0.6	0.90	0.0795	60.54	41.01	0.0182	80.16	64.28	1.50

5.4.2　分析与讨论

再观察图 5.4 和 5.5，当 f_{loss}、$f_{\Delta V}$ 和 f_Q 作为目标函数时，f_Q 与 f_{loss} 和 $f_{\Delta V}$ 是矛盾的。根据式（5-2），改善电压可以减小电压偏差，但电压的改善也会降低线路有功损耗。如图 5.6 所示，无功优化后，系统节点电压得到改善。电压的改善一部分归功于无功补偿设备提供系统所需要的无功，在一定范围内，无功补偿设备输出的无功越多，电压偏差和系统有功损耗就越小。电压改善利于系统有功损耗的降低和系统电压偏差的减小，但是 f_{loss} 和 $f_{\Delta V}$ 之间的关系复杂，如图 5.4（b）和图 5.5（b）所示，尤其是当只考虑 f_{loss} 和 $f_{\Delta V}$ 为目标函数时的无功优化，两者之间有明显的冲突关系。

总之，f_{loss}、$f_{\Delta V}$ 和 f_Q 三个目标函数之间的关系复杂，是不可比较的，甚至是相互矛盾的，换句话说，同时考虑 f_{loss}、$f_{\Delta V}$ 和 f_Q 为目标函数的无功优化或者只考虑其中两个为目标函数时，将多目标优化问题通过权重法将其转化为单目标优化问题[17, 91-94]的合理性值得思考和进一步研究。

由图 5.4 和 5.5 可见，C3 的无功优化方案个数远远多于 C1 和 C2，这与有没有将 f_Q 作为目标函数有关。在 C1 和 C2 中，最小化 f_Q 作为目标函数之一，而 C3 中没有考虑 f_Q。如前所述，一定范围内，越多的无功补偿量利于系统有功损耗的下降和节点电压偏差的减小，在 C3 中，绝大部分 $f_Q = 1.65$ Mvar 即无功补偿设备的最大输出量。DG 的无功输出是连续的，其微小的变化就会造成目标函数 f_{loss} 和 $f_{\Delta V}$ 的波动。因此，C3 中，Q_{DG1} 和 Q_{DG2} 就有很多种组合，也就产生很多种 f_{loss} 和 $f_{\Delta V}$ 组合。

正如表 5.1～5.3 和图 5.6 所示，安装 DG 和无功补偿设备对系统节点电压具有明显的改善作用，而且安装 DG 的节点和无功补偿设备所在的节点及其附近节点的电压改善最为显著，如安装 DG 的节点 13 和安置无功补偿设备的节点 31。特别是 C3，无功优化方案中无功补偿设备的输出多数大于 C1 和 C2，相对应地，对节点电压的改善效果也较为明显。但是，在 C3 中，对无功补偿设备的投入多于 C1 和 C2。

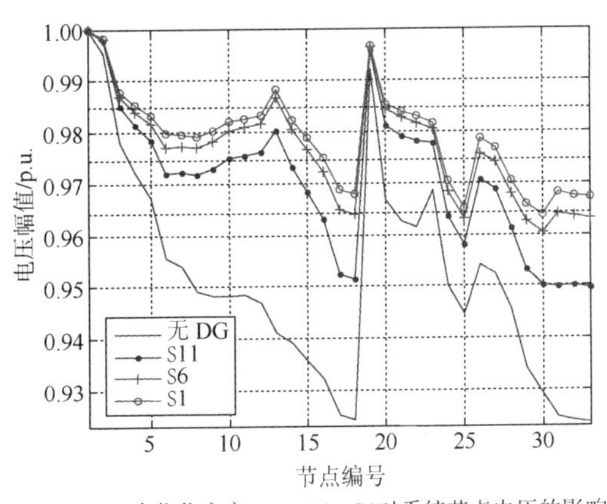

(a) C1中优化方案S11、S6、S1对系统节点电压的影响

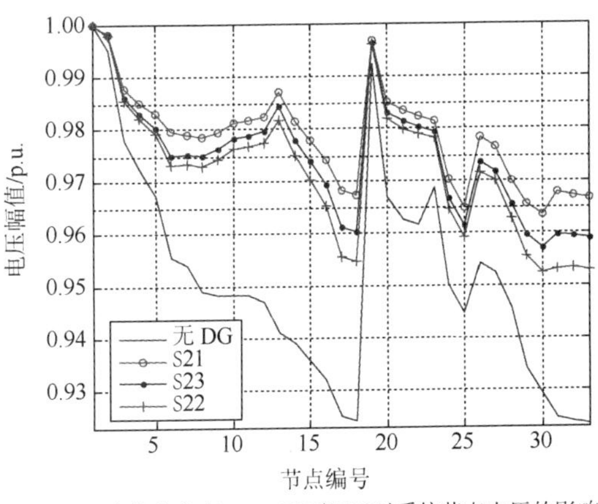

(b) C2中优化方案S21、S23和S22对系统节点电压的影响

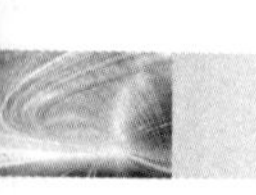

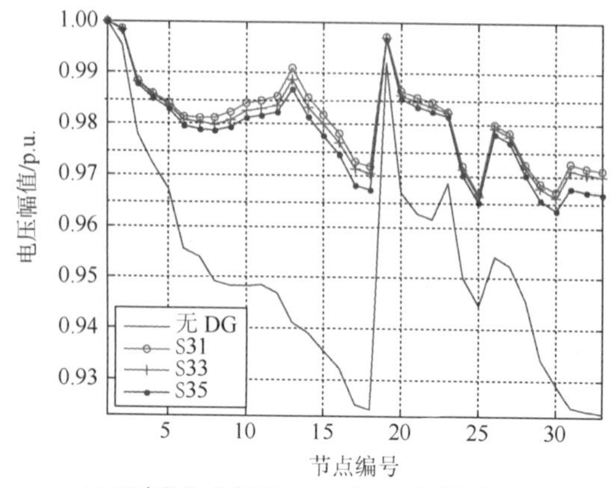

(c) C3中优化方案S31、S33和S35对系统节点电压的影响

图 5.6　各种无功优化方案对系统节点电压影响的对比

5.5　本章小结

考虑到 DG 通常能具有无功调节的能力，本章通过优化 DG 的无功出力和无功补偿设备的无功补偿量，来实现含 DG 的配电网无功优化。为了以最省的无功设备投资，最大限度地保证系统经济运行和确保供电质量，增加解决问题的灵活性，构建了含 DG 的配电网多目标无功优化数学模型，模型计及了系统经济运行和对电能质量的要求，考虑一系列约束条件，以最小化系统无功设备投入（或最小化无功补偿量）、最小化系统损耗和最小化系统电压偏差为目标函数；采用多目标优化算法 CAMPSO 进行求解，给出了 CAMPSO 求解含 DG 的配电网多目标无功优化流程，为了加快算法收敛，保证电压等状态变量不越限，将惩罚函数同时等效地加到导致潮流计算不收敛或者状态变量越限的粒子对应的所有的目标函数中且惩罚度与迭代次数、越限度联系，既保证对不良粒子评价的一致性，也有效利用粒子信息，使算法能更快地收敛到较好解。

对 IEEE 33 节点系统的仿真结果显示，本章多目标无功优化策略兼顾系统的经济运行、电能质量和无功补偿设备投资，能够提供一组高质量且可供决策者灵活选择的无功优化方案，各优化方案不同程度地改善了系统的运行性能。通过系列仿真比较和分析可见，无功优化结果与所考虑的目标函数密切相关，各目标函数之间关系复杂，难以比较甚至是相互冲突的。因此，含 DG 的无功优化应该根据实际背景，选择恰当的目标函数、约束条件和优化变量，同时进行改进或寻求可靠的寻优质量和更快计算速度的多目标优化算法以求解含离散和连续变量、非线性目标函数及多约束的多目标无功优化问题。

第6章

基于DEA和DAPSO算法的电动汽车充电站多目标规划

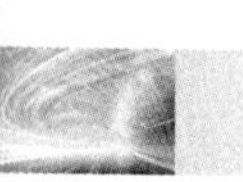

6.1 引　　言

如 1.4 节所述，多目标优化问题往往通过加权法、理想点法和主要目标函数法等方式转化为单目标优化问题，然后用数学规划的方法来求解，如何确定适当的权重系数是一个关键的问题。如果由决策者的经验决定，这样主观性较强，因此出现了超效率数据包络分析（data envelopment analysis，DEA）法、相对比较法、判断矩阵法、离差排序法等确定多目标权重系数的方法。判断矩阵法是对相对比较法的改进，两者都属于经验评分法，仍带有一定的主观性；离差排序法与超效率 DEA 方法原理上有相似之处，但计算过程较为复杂。本章以电动汽车（electric vehicle，EV）充电站的多目标优化规划为例，探究超效率 DEA 法和动态自适应粒子群优化算法（dynamic adaptive particle swarm optimization，DAPSO）在求解多目标优化问题时的应用。本章的 DAPSO 算法自适应策略与 2.3.1 小节和 2.4.1 小节一样，只是将其应用于改善 PSO 算法。

电动汽车具有零排放、无污染等优点，其规模化使用会进一步扩大[190, 191]，充电站的规划建设在很大程度上影响 EV 的推广[192]。充电站的不合理规划和配置还会对电网运行的经济性、稳定性及用户充电的方便可靠性等带来严重影响。因此，EV 的普及必须以科学合理的充电站规划作为前提[193]。充电站作为负荷尤其是当大规模 EV 充电时，不可避免地会对电网运行带来冲击，严重时甚至会造成电网崩溃，因此充电站的规划必须考虑其对电网的影响。

在满足 EV 充电需求、充电站规划和电网运行等约束条件下，如何使充电站规划建设经济并且减少对配电系统的负面影响，为 EV 车主提供便利可靠的充电服务，是充电站规划需要解决的关键问题之一[194, 195]。本章将通过交通起止点（origin-destination，OD）分析结合蒙特卡罗（Monte-Carlo）模拟，充分考虑 EV 用户的充电需求，在满足 EV 用户充电可靠性的前提下确定候选站址方案；全面考虑建设成本、系统电压稳定性和用户排队时间，提出充电服务质量指标，建立充电站规划的综合优化模型。该模型既考虑 EV 用户充电的便利性和充电站规划建设的经济性，又考虑充电站接入对电网稳定性的影响。为求解该优化模型，采用具有寻优精度高、收敛速度快的 DAPSO 算法并应用于优化问题的求解。最后，以 IEEE 33 节点系统与待规划区域结合为例，证明所提模型的有效性和合理性。

6.2 满足充电可靠性的候选站址确定方法

对于城市某主干道或高速公路等线状规划区域，运用 OD 分析及蒙特卡罗模拟来确定充电需求点位置[196]，在满足充电可靠性的前提下，确定充电站的候选站址方案，如图 6.1 所示，具体过程如下。

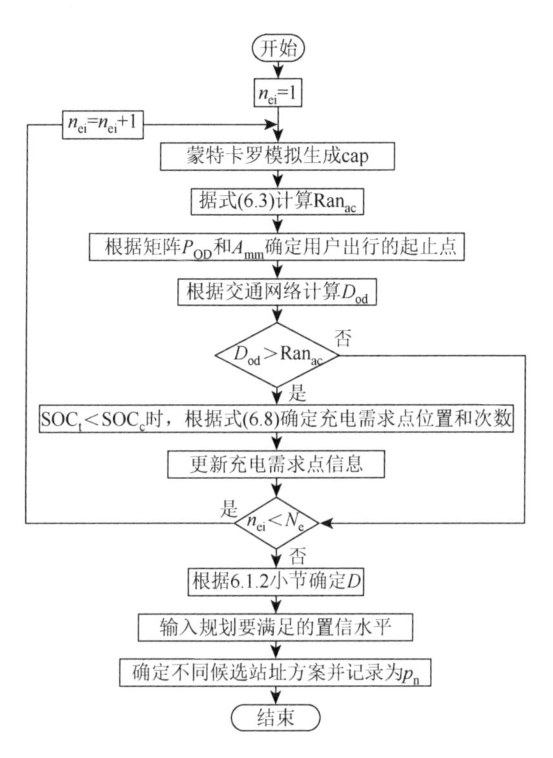

图 6.1　确定候选站址方案流程图

步骤 1：运用蒙特卡罗模拟对每辆 EV 生成电池容量 cap，根据式（6.3）计算 Ran_{ac}。

步骤 2：由 OD 矩阵 A_{mm} 和概率 OD 矩阵 P_{OD}，运用蒙特卡罗模拟确定用户出行的起点和终点。

步骤 3：根据式（6.8）确定充电需求点位置和次数，并记录需求次数较多的点。

步骤 4：由 6.2.2 小节对可靠性描述，在所记录的点中，依据式（6.9）～（6.11）确定满足要求的点之间的距离 D。

步骤 5：输入规划要满足的置信水平（充电可靠性）。

步骤 6：得出满足不同充电可靠性的点的集合，并记录为候选站址方案。

6.2.1　OD 分析

根据 EV 动力电池的基础数据，N1、N2 类 EV 电池容量的概率密度函数表示为[196]

$$f(\text{cap},\mu_1,\sigma_1)=\frac{1}{\sigma_1\sqrt{2\pi}}\mathrm{e}^{-(\text{cap}-\mu_1)^2/2\sigma_1^2} \tag{6.1}$$

式中 μ_1 和 σ_1 分别为标准正态分布函数的平均值和标准差。对于每辆 EV 动力电池的容量 cap，由上述概率密度函数，运用蒙特卡罗模拟方法来产生。若抽取的电池容量超出了设定的上下限，则重新取值直到满足要求。

用户在行驶过程中，当动力电池荷电状态（state of charge，SOC）达到阈值 SOC_c

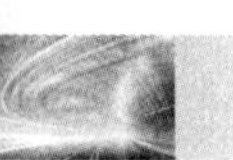

时，EV 需要进行充电以保证完成后续行程。因此，需充电的条件可以表示为

$$\mathrm{SOC_t} \leqslant \mathrm{SOC_c} \tag{6.2}$$

式中 $\mathrm{SOC_t}$ 为动力电池的实时 SOC。

设行驶距离和动力电池的 SOC 呈线性关系。SOC 到达阈值前的可行驶里程记为 $\mathrm{Ran_{ac}}$，即

$$\mathrm{Ran_{ac}} = \eta \times (\mathrm{SOC_i} - \mathrm{SOC_c}) \times \mathrm{Ran_{mc}} \tag{6.3}$$

式中 η 为能量转化效率；$\mathrm{SOC_i}$ 为在道路入口电池 SOC 初始值，取值范围为 0.8～0.9；$\mathrm{Ran_{mc}}$ 为 EV 满电状态的续航里程。

因此，SOC 取 $\mathrm{SOC_c}$ 时的可行驶里程数 $\mathrm{Ran_{sc}}$ 表示为

$$\mathrm{Ran_{sc}} = \eta \times \mathrm{SOC_c} \times \mathrm{Ran_{mc}} \tag{6.4}$$

在城市主干道或高速公路路口，每辆 EV 都会被成对地分配起点和终点。在蒙特卡罗模拟过程中，用 OD 矩阵 A_{mm} 来模拟 EV 从道路入口到出口的流动。

概率 OD 矩阵 P_{OD} 中的元素 p_{IJ} 表示 EV 从路口 I 进入、路口 J 驶出的概率。矩阵 A_{mm} 中的元素 a_{IJ} 表示从路口 I 进入、路口 J 驶出的 EV 数量，即

$$p_{IJ} = a_{IJ} / N_I \quad (1 \leqslant I \leqslant m; 1 \leqslant J \leqslant m) \tag{6.5}$$

将矩阵 A_{mm} 的第 I 列元素相加，表示从路口 I 进入道路的 EV 数量 N_I，即

$$N_I = \sum_{J=1}^{m} a_{IJ} \quad (1 \leqslant I \leqslant m; 1 \leqslant J \leqslant m) \tag{6.6}$$

EV 的总数用 N_{e} 表示，即

$$N_{\mathrm{e}} = \sum_{J=1}^{m} N_I \quad (1 \leqslant I \leqslant m) \tag{6.7}$$

由起止点之间的距离 D_{od} 和 $\mathrm{Ran_{ac}}$ 来确定完成行程所需要的充电次数 N_{ct}，公式为

$$N_{\mathrm{ct}} = \mathrm{fix}\left(D_{\mathrm{od}} / \mathrm{Ran_{ac}}\right) \tag{6.8}$$

式中 fix 表示向下取整。

计算规划区域一天内充电需求点位置和次数的过程，以图 6.2 为例阐述说明。设 $D_{\mathrm{od}} = AB$，$\mathrm{Ran_{ac}} = Ad_1$，即用户 1 的出行距离为 AB，续航里程为 Ad_1，因此用户 1 要完成从 A 到 B 的出行，需要充电的位置为 d_1 点和 d_2 点，次数为 2。由上述分析，对每个用户的数据进行统计可得出规划区域一天内的充电需求点的位置和次数。

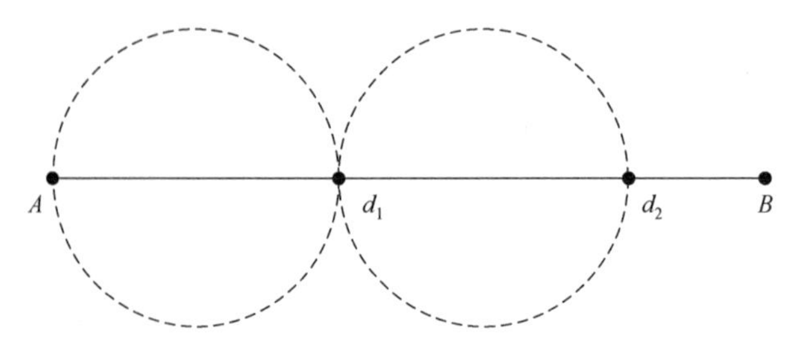

图 6.2　出行距离示意图

6.2.2　充电可靠性

根据中心极限定理，基于正态拟合曲线，可以确定动力电池 SOC 低于 SOC_c 值时的可行驶里程 Ran_{sc}。

$$\theta(\text{Ran}_{sc},\mu_2,\sigma_2)=\frac{1}{\sigma_2\sqrt{2\pi}}e^{-(\text{Ran}_{sc}-\mu_2)^2/2\sigma_2^2} \tag{6.9}$$

式中 μ_2 和 σ_2 分别为分布函数的平均值和标准差。

为方便 EV 充电，应满足需充电汽车在不超过 Ran_{sc} 内有充电站进行充电；同时，应该避免相邻两充电站之间距离太近造成资源浪费，增加成本[191]。根据 Ran_{sc} 在 1–a% 置信水平的正态分布确定充电服务半径 S_r 可以表示为

$$S_r=\mu_2-b\sigma_2 \tag{6.10}$$

式中 a%为 $Ran_{sc}\leqslant S_r$ 的 EV 数量所占 EV 总量的比例；b 为查找与 1–a%所对应标准正态函数分布表所确定的系数，换而言之，确保 1–a%的 EV 可以以 SOC_c 的荷电状态行驶到充电服务半径 S_r 内的充电站。如图 6.3 所示。

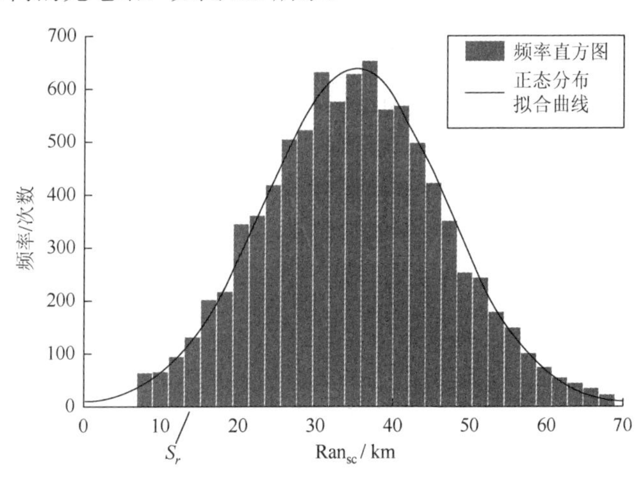

图 6.3　Ran_{sc} 分布图

因此，任意两相邻充电站距离 D 满足

$$S_{r_1}\leqslant D\leqslant S_{r_2} \tag{6.11}$$

式中 S_{r_1} 和 S_{r_2} 分别为满足不同 b 值时对应的服务半径 S_r。

要满足充电可靠性，除满足式（6.11）之外，还需满足以下约束。

（1）根据待规划区域和电网节点的重合情况，充电站的位置选择应满足

$$p_{ac}\in A \tag{6.12}$$

式中 p_{ac} 为充电站的接入节点号；A 为待规划区域和电网重合部分所包含的系统节点号组成的集合。

（2）充电站的规划要满足充电可靠性，即 Ran_{sc} 在 $1-a\%$置信水平大于所要求的最小值，即

$$b \geqslant b_{\min} \tag{6.13}$$

6.3　选址定容规划模型

在规划模型已确定充电站候选站址方案的基础之上，全面考虑建设成本及电力系统功率损耗费用、电压稳定指标、充电服务质量和排队时间等因素，建立多目标综合优化模型，运用 DEA 法确定各目标函数权重，将其转化为单目标规划模型，以其最小为目标确定充电站最优规划配置方案。

6.3.1　经济性指标

每个等级的充电站占地面积使用统一的建设标准，建站年均土地成本 C_l 为

$$C_l = \frac{1}{y_r}\sum_{l_e=1}^{L_e}\sum_{p=1}^{q} S_{l_e} c_p n_{sp} \tag{6.14}$$

式中 y_r 为回收周期；L_e 为充电站等级总数；n_{sp} 为占地类型是 p 的充电站的个数；S_{l_e} 为等级是 l_e 的单座充电站占地面积；q 为充电站的占地类型总数；c_p 为土地类型 p 的单位面积价格。

充电机及其他配套设备成本可以表示为

$$C_{\text{inv}} = \sum_{h=1}^{n_s} F_h \left[\frac{k_r(1+k_r)^{y_r}}{(1+k_r)^{y_r}-1}\right] \tag{6.15}$$

式中 n_s 为充电站的个数；F_h 为充电站 h 的充电机以及其他配套设备成本；k_r 为回收率。

充电站的接入会使电网的功率损耗增加，充电站接入的位置和功率不同，系统功率损耗亦不相同，即

$$P_{\text{loss}} = \sum_{k=1}^{k} R_k \left(\frac{P_k^2 + Q_k^2}{V_{k0}^2}\right) \tag{6.16}$$

式中 k 为支路数；P_k 和 Q_k 分别为支路 k 上的有功功率以及无功功率；R_k 为支路 k 的电阻值；V_{k0} 为 k 支路末端的电压数值。

将网络损耗转化为成本，即

$$C_{\text{loss}} = 365 eo P_{\text{loss}} \tag{6.17}$$

式中 e 为电价；o 为充电站一天的服务时间。

将建设成本和网损费用之和最小化作为目标函数 f_1，即

$$\min f_1 = C_l + C_{\text{inv}} + C_{\text{loss}} \tag{6.18}$$

6.3.2　系统电压稳定性指标

大功率负荷的接入会对配电网的电压稳定性产生较大影响，充电站配置不合理或大规模集中接入时，系统将面临电压质量差甚至发生崩溃的危险。因此，系统的电压稳定性对于配电网安全稳定运行显得非常重要，通常用电压稳定指标（voltage stability index，VSI）来描述系统电压稳定性[197]。

对于支路 k，3.2.1 小节中的 VSI 计算公式重写为

$$\mathrm{VSI}_k = \frac{4[(X_{ij}P_j - R_{ij}Q_j)^2 + (X_{ij}Q_j + R_{ij}P_j)V_i^2]}{V_i^4} \tag{6.19}$$

式中 R_{ij} 和 X_{ij} 分别为支路 k 的电阻值和电抗值；P_j 和 Q_j 分别为节点 j 的有功功率和无功功率；节点 j 为支路 k 的功率接收端；V_i 为节点 i 的电压值。

如 3.2.1 小节所述，配电网的电压稳定指标 f_{VSI} 定义为系统中所有支路电压稳定指标最大者，即

$$\min f_2 = f_{\mathrm{VSI}} = \max\{\mathrm{VSI}_1, \mathrm{VSI}_2, \cdots, \mathrm{VSI}_k\} \tag{6.20}$$

f_{VSI} 越小，系统的电压稳定性越好，反之越差。当 f_{VSI} 接近 1 时系统发生电压崩溃。

6.3.3　充电服务质量指标

充电站不仅是充电基础设施，同时也是一种服务设施，因此可将接入点视为 EV 的服务点。EV 完成充电所需时间随充电站配置的充电机功率不同而不同，目前研究一般只分析用户的充电排队时间，而不考虑用户得到的充电服务质量。对于自由出行时间较短的用户，对充电服务质量要求自然较高。本章分析充电服务质量（quality of service，QoS）的目的是使规划模型更全面更接近实际。因此，现提出一个新的指标来评价用户得到的 QoS，其表达式为

$$\mathrm{QoS}_{n_{\mathrm{ei}}} = \frac{T_{n_{\mathrm{ei}}}}{L_{n_{\mathrm{ei}}}}, \quad \forall n_{\mathrm{ei}} = 1, 2, \cdots, N_{\mathrm{e}} \tag{6.21}$$

式中 $T_{n_{\mathrm{ei}}}$ 为第 n_{ei} 辆 EV 完成行驶 $L_{n_{\mathrm{ei}}}$ 长度距离所耗电量需要的充电时间。

QoS 指标与完成充电所需时间成正比关系，因此，配置的充电机功率越大，充电时间越短，QoS 指标越小，但相应的建设成本会增加。

需要指出的是，QoS（单位为 min/100 km）指标的物理意义是：充电机对 EV 可行驶单位距离所需要的充电时间，以下取倒数的目的是由于后续部分做归一化处理时，需要一个最大量作为输出单元，故而取倒数。

因此，将所有 EV 的 QoS 指标倒数的平均数作为目标函数 f_3，即

$$f_3 = \max f_{p_n} \quad (p_n = 1, 2, \cdots, P_n) \tag{6.22}$$

式中 P_n 为满足充电可靠性的候选站址规划方案总数；f_{p_n} 为第 p_n 个候选站址配置充电机

的平均服务质量指标，其表达式为

$$f_{p_n} = \frac{1}{N_{ch}} \sum_{n_{ei}=1}^{N_{ch}} \mathrm{QoS}_{n_{ei}}^{-1} \tag{6.23}$$

式中 N_{ch} 为 N_e 辆 EV 中需要充电的车数量。

6.3.4 充电排队时间

如果充电站内的充电机数量配置较多，可以较好地满足用户的充电需求，减少排队时间，做到即到即充，但会导致充电机的大部分时间处于空闲状态，造成建设成本增加和资源的极大浪费。因此，可用排队论来计算用户在充电站的排队时间。

由分析可知，EV 到达充电站的过程属于典型的 M/M/S 等待制排队模型，EV 的到站过程可用泊松（Poisson）分布来模拟。用户的平均排队时间 W_q 与站内充电机个数 n_c 的关系为[198,199]

$$W_q = \frac{\rho^{n_c}}{n_c!(1-\rho_{n_c})} P_0 \int_0^{\infty} t \mathrm{d}\left[-\mathrm{e}^{-(1-\rho_{n_c})n_c \mu t}\right] \tag{6.24}$$

式中 μ 为充电站的平均服务率；n_c 为充电站内充电机的个数；t 为单车充电时间；充电机的服务强度为 ρ。

当充电机数量为 n_c 时，排队模型的服务强度为

$$\rho_{n_c} = \frac{\gamma}{n_c \mu} \tag{6.25}$$

式中 γ 为泊松分布的参数，在此表示单位时间内到达充电站的 EV 数量。

充电机全部空闲率 P_0 表示为

$$P_0 = \left[\sum_{i=0}^{n_c-1} \frac{\rho^i}{i!} + \frac{\rho^{n_c}}{n_c!(1-\rho_{n_c})}\right]^{-1} \tag{6.26}$$

将总排队时间作为目标函数 f_4，即

$$\min f_4 = \sum_{n_{shev}=1}^{n_s} n_{shev} W_q \tag{6.27}$$

式中 n_{shev} 为第 h 座充电站服务的 EV 数量。

6.3.5 多目标模型转化为单目标模型

超效率 DEA 法是一种通过数学规划，比较多输入多输出的决策单元相对效率，进而对决策单元进行效率评价（即评价决策单元优劣）的方法，在提高决策对象效率值排序方面更具优势[200]。针对 EV 充电站规划的多目标优化转换为单目标优化问题，采用超效率 DEA 法确定权重系数已有一定的研究基础[190, 201]。

设多目标规划问题的权重系数表示为

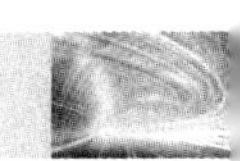

$$[\boldsymbol{\alpha}_d,\boldsymbol{\beta}_d]=\begin{bmatrix}\alpha_{11} & \alpha_{12} & \alpha_{13} & \beta_{11}\\ \alpha_{21} & \alpha_{22} & \alpha_{23} & \beta_{21}\\ \vdots & \vdots & \vdots & \vdots\\ \alpha_{d1} & \alpha_{d2} & \alpha_{d3} & \beta_{d1}\end{bmatrix} \tag{6.28}$$

将模型的 4 个目标函数 f_1、f_2、f_3 和 f_4 做归一化处理，即 $\dfrac{f_1}{\min f_1}$、$\dfrac{f_2}{\min f_2}$ 和 $\dfrac{f_4}{\min f_4}$ 作为决策单元的输入量，将 $\dfrac{\min(-f_3)}{f_3}$ 作为决策单元的输出量。基于超效率 DEA 模型评价该 d 个决策单元，采用 MATLAB 线性规划工具求解。根据它们相对效率的大小排序，最大值所对应的决策单元（权重系数）更为有效。

采用线性加权将上述目标函数 f_1、f_2、f_3 和 f_4 转化为单目标优化问题，表达式为

$$\min f=\alpha_{k1}\frac{f_1}{\min f_1}+\alpha_{k2}\frac{f_2}{\min f_2}+\alpha_{k3}\frac{f_4}{\min f_4}+\beta_{k1}\frac{\min(-f_3)}{-f_3} \tag{6.29}$$

确定各目标函数权重的步骤如下。

步骤 1：初始化参数，分别求解上述 4 个目标函数的最优解，分别求解时不考虑另外 3 个目标函数。

步骤 2：采用伪随机数发生器产生一组权重向量，把多目标优化问题转化为单目标问题并求解，本章权重的步长设为 0.1。

步骤 3：将求得的优化变量值代入到 4 个目标函数中，运用超效率 DEA 方法进行评价，根据最终评价结果选取最有效的权重系数。

6.3.6　约束条件

（1）充电机总功率 P_{T} 不小于充电需求 P_{D}，即

$$P_{\mathrm{T}} \geqslant P_{\mathrm{D}} \tag{6.30}$$

（2）为避免资源浪费，并考虑到 EV 用户所能接受的最长等待时间，充电排队时间 W_{q} 应满足

$$W_{\mathrm{q\,min}} \leqslant W_{\mathrm{q}} \leqslant W_{\mathrm{q\,max}} \tag{6.31}$$

式中 $W_{\mathrm{q\,min}}$ 取 3 min，$W_{\mathrm{q\,max}}$ 取 10 min。

（3）考虑所配置充电机功率，QoS 指标应满足

$$\mathrm{QoS}_{\min} \leqslant \mathrm{QoS} \leqslant \mathrm{QoS}_{\max} \tag{6.32}$$

式中 $\mathrm{QoS}_{\min}$ 和 $\mathrm{QoS}_{\max}$ 分别取 15 和 30。

（4）任意支路的电压稳定指标 VSI_k 应满足

$$\mathrm{VSI}_k < 1 \tag{6.33}$$

（5）系统潮流约束为

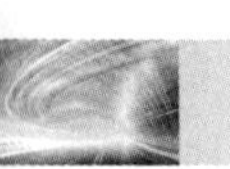

$$
\begin{cases}
P_i - P_{Li} = V_i \sum_{j=1}^{N_{bus}} V_j (G_{ij} \cos\theta_{ij} + B_{ij} \sin\theta_{ij}) \\
Q_i - Q_{Li} = V_i \sum_{j=1}^{N_{bus}} V_j (G_{ij} \sin\theta_{ij} + B_{ij} \cos\theta_{ij})
\end{cases}
\tag{6.34}
$$

式中 V_i 和 V_j 分别为节点 i 和 j 的电压；N_{bus} 为系统的节点数；P_i 和 P_{Li} 分别为节点 i 的有功功率和负载的有功功率；Q_i 和 Q_{Li} 分别为节点 i 的无功功率和负载的无功功率；G_{ij} 为节点导纳矩阵的实部；B_{ij} 为节点导纳矩阵的虚部；θ_{ij} 为节点 i 与 j 的相角差。

（6）电压偏差约束为

$$
f_{vd} = \frac{|V_i - V_0|}{V_0} \times 100\%, \qquad f_{vd} \leqslant f_{vd\max} \tag{6.35}
$$

式中 V_0 为系统标称电压，该配电网电压等级下所允许的最大偏差是 $f_{vd\max}$。

（7）线路 k 的电流应小于该线路允许承载的最大电流，即

$$
I_k < I_{\max} \tag{6.36}
$$

式中 I_k 为线路 k 的电流；$I_{\max}$ 为该线路允许承载的最大电流。

（8）配电变压器所用容量应小于该变压器的最大容量，即

$$
S < S_{\max} \tag{6.37}
$$

式中 S 为配电变压器所用容量；$S_{\max}$ 为该变压器的最大容量。

6.4 DAPSO 算法及其算例分析

6.4.1 DAPSO 算法

所提规划模型为含非线性目标函数和非线性约束条件的、复杂的多约束优化问题，必须寻求有效的优化工具。参数少、实现简单、收敛速度快等出色的特性，使得 PSO 成为最常用的优化算法之一，并且已经成功地被应用到了多变量的电力系统的问题当中，证实 PSO 是一个强大的优化器。PSO 算法最重要的一个特性是它的收敛速度极快，只要没有发生提前收敛的现象，导致所有粒子陷入局部最优且无法跳出，该特性将会是一个非常好的优势。因此，如何避免过早收敛以确保全局搜索能力是一个重要的问题，必须加以解决。为此，在前期研究[202]中，提出 DAPSO 算法。

在应用 DAPSO 算法之前，通过 Ackley 函数、Griewank 函数和 Schaffer 函数三种测试函数来测试 DAPSO 算法的性能。

1. Ackley 函数

Ackley 函数的定义为

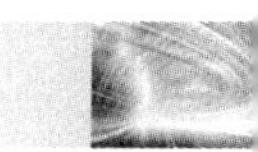

$$f(x) = -20\mathrm{e}^{-0.2\cdot\sqrt{\frac{1}{n}\sum_{j=1}^{n}x_j^2}} - \mathrm{e}^{\frac{1}{n}\sum_{j=1}^{n}\cos(2\pi x_j)} + 22.712\,82, \quad x_i \in [-10,10] \qquad (6.38)$$

该函数的搜索区域大，局部最优值众多，算法的寻优范围较大时才比较容易求得全局最优值，其函数图像如图 6.4 所示。

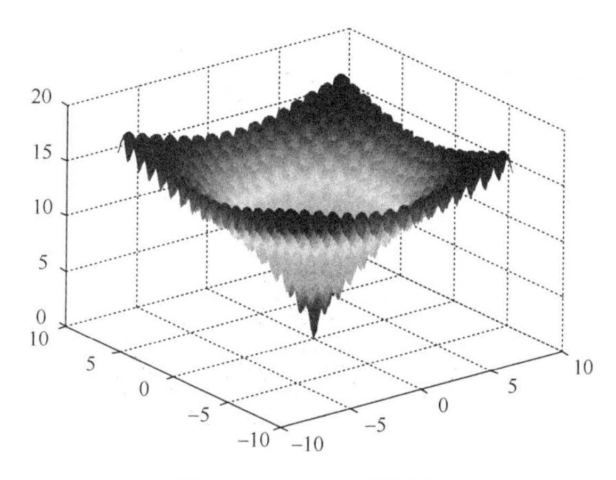

图 6.4 Ackley 函数图像

2. Griewank 函数

Griewank 函数定义为

$$\min f(x_i) = \sum_{i=1}^{N}\frac{x_i^2}{4000} - \prod_{i=1}^{N}\cos\left(\frac{x_i}{\sqrt{i}}\right) + 1, \quad x_i \in [-10,10] \qquad (6.39)$$

该函数存在许多局部极小点，数目与问题的维数有关，全局最小值 0 在 $(x_1, x_2, \cdots, x_n) = (0, 0, \cdots, 0)$ 处，此函数是典型的非线性多模态函数，其搜索范围较广，传统优化算法在最优值搜索过程中面临很多困难，其函数图像如图 6.5 所示。

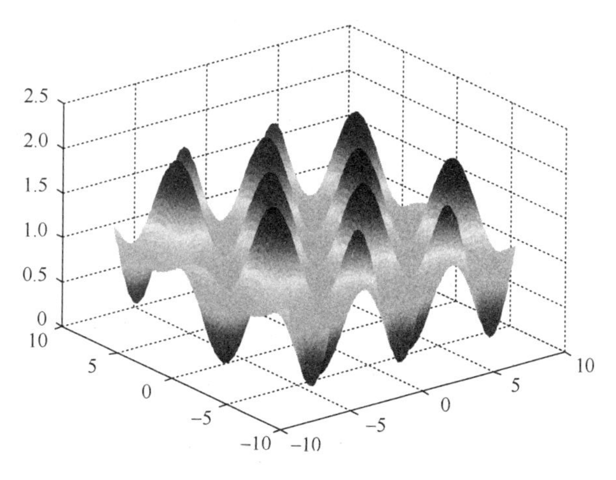

图 6.5 Griewank 函数图像

3. Schaffer 函数

Schaffer 函数定义为

$$f(x,y)=\frac{0.5+(\sin^2\sqrt{x^2+y^2}-0.5)}{[1+0.001(x^2+y^2)]^2},\quad x,y\in[-1,1] \tag{6.40}$$

该函数为复杂二维函数，具有无数个极小值点，在（0, 0）处取得最小值，由于该函数具有强烈振荡性态，很适合用来检测智能算法的稳定性，其函数图像如图 6.6 所示。

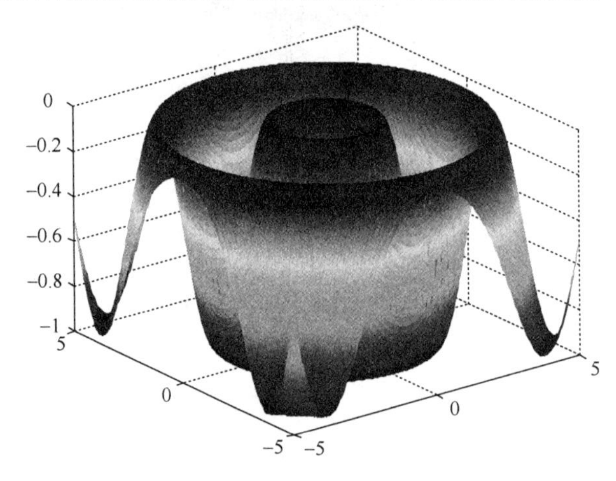

图 6.6　Schaffer 函数图像

通过表 6.1 中对这三个测试函数的求解可以看出，在求解精度上，DAPSO 相对于标准 PSO 更有优势。

表 6.1　算法测试结果比较

算法	Ackley 函数最优值	Griewank 函数最优值	Schaffer 函数最优值
PSO	6.10×10^{-15}	1.75×10^{-2}	3.01×10^{-1}
APSO	5.63×10^{-15}	9.88×10^{-3}	2.00×10^{-1}
DAPSO	5.12×10^{-15}	0.00	1.7×10^{-1}

通过表 6.2 可以看出，DAPSO 算法在运算的稳定性上相对于 PSO 和 APSO 算法也具有一定的优势。配电网重构问题也是一个组合解众多、拥有较多局部最优值的优化问题，因此选择使用 DAPSO 算法来求解含 DG 的配电网重构问题。

表 6.2　算法稳定性测试

算法	函数名称	迭代次数	收敛次数	平均迭代次数	最小迭代次数	最大迭代次数
PSO	Ackley	100	36	92.556	78	100

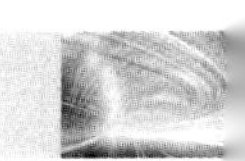

续表

算法	函数名称	迭代次数	收敛次数	平均迭代次数	最小迭代次数	最大迭代次数
APSO	Ackley	100	98	87.265	75	98
DAPSO			100	80.650	69	94
PSO	Griewank	1000	30	209.167	161	715
APSO			67	257.446	174	972
DAPSO			92	372.612	161	463
PSO	Schaffer	500	60	375.217	236	494
APSO			77	337.117	175	497
DAPSO			81	254.049	19	476

将 DAPSO 应用于求解本章所提模型，流程如图 6.7 所示。

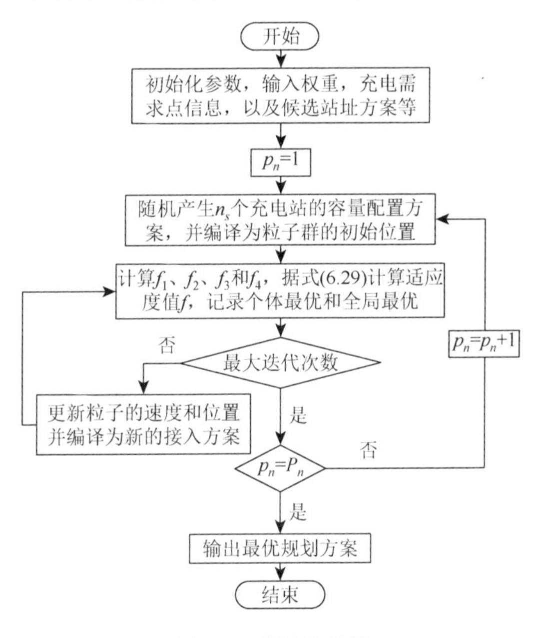

图 6.7　求解流程图

6.4.2　算例分析

设规划区域全长 80 km，分为工业区、商业区和居民区，如图 6.8 所示，其配电网络以 IEEE 33 节点系统（图 6.9）为例。未接入充电站时，系统的电压稳定指标为 0.0996，有功损耗为 201.5 kW。本章假设配电系统的部分节点（支路）在地理上与交通网络重合。这里讲的“重合”是指两者位于偏差允许范围内的同一区域中，未必严格重合在同一地理点上[194]。33 节点系统中包含节点 1～18 的支路与本章的待规划区域“重合”。因此，将包含节点 1～18 的支路与待规划主干道相结合。本章中充电机功率分别取 30 kW、40 kW、50 kW 和 60 kW 这 4 种备选种类。

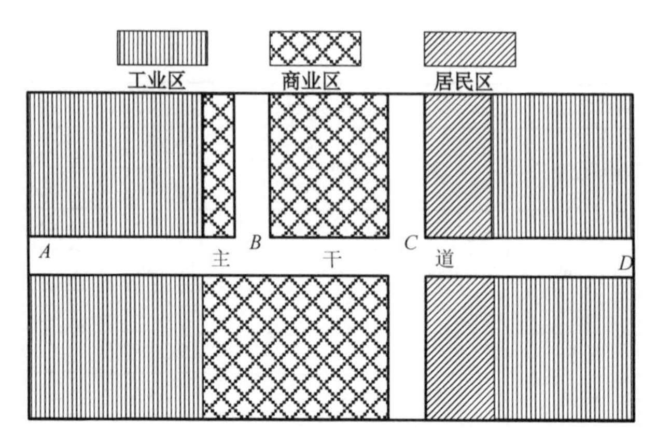

图 6.8　待规划区域示意图

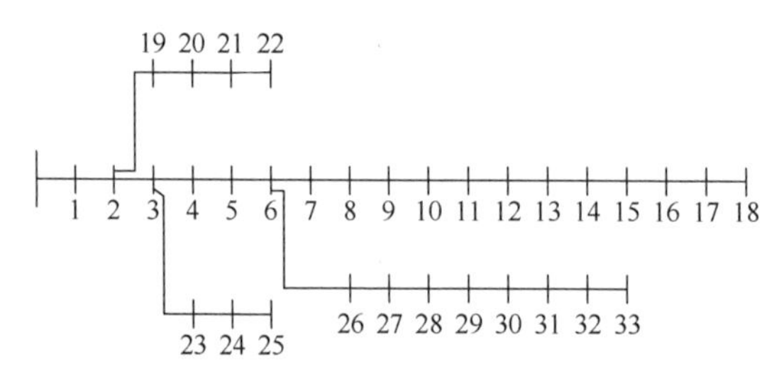

图 6.9　IEEE 33 节点测试系统

各路口之间距离如表 6.3 所示。

表 6.3　各路口之间距离　　（单位：km）

路口	*A*	*B*	*C*	*D*
A	0	30	50	80
B	30	0	20	50
C	50	20	0	30
D	80	50	30	0

概率 OD 矩阵 $\boldsymbol{P}_{\mathrm{OD}}$ 表示为

$$\boldsymbol{P}_{\mathrm{OD}}=\begin{bmatrix}0 & 0.2 & 0.2 & 0.6\\ 0.2 & 0 & 0.6 & 0.2\\ 0.3 & 0.5 & 0 & 0.2\\ 0.5 & 0.3 & 0.2 & 0\end{bmatrix} \tag{6.41}$$

根据 OD 分析，结合蒙特卡罗模拟，以及 6.2.2 小节对充电可靠性阐述和在本章中的应用。在满足不同充电可靠性的要求下，确定对应 $\mathrm{Ran}_{\mathrm{sc}}$ 在 $1-a\%$不同置信水平的选址方案，如表 6.4 所示。

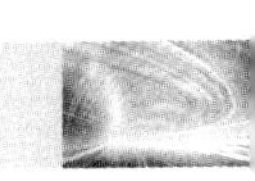

表 6.4　不同置信水平对应的最优选址方案

a%取值	置信水平	建站个数	充电站接入点
0%	100%	10	2 3 5 6 8 10 11 13 15 17
2%	98%	9	3 5 6 8 10 12 14 16 18
4%	96%	8	2 4 6 9 11 13 15 17
7%	93%	7	3 6 8 11 14 16 18
8%	92%	6	2 5 8 11 15 17
10%	90%	5	2 5 9 13 16
15%	85%	4	4 8 12 16
35%	70%	3	4 10 15
40%	60%	2	6 13
60%	40%	1	10

由选址规划模型的求解结果可看出，当要求置信水平不小于 90%时，表 6.4 中 1～6 行所对应方案满足要求。将此 6 种选址方案作为充电站的候选接入位置。当要求的置信水平改变时，可根据表 6.4 选取不同的选址方案。

各种类型的土地价格如表 6.5 所示；充电站等级及占地面积如表 6.6 所示。

表 6.5　各用地类型的土地成本

土地类型	工业用地	商业用地	居民用地
价格/(万元/m^2)	0.0696	0.6854	0.2114

表 6.6　充电站等级及相应的占地面积

充电站级	1	2	3	4
占地面积/m^2	1085	693	377	165

根据充电可靠性模型求得的充电需求点分布信息及表 6.5 和 6.6 等数据，不考虑另外 3 个目标函数，分别以 f_1、f_2、f_3 和 f_4 作为目标函数求解，可得到单目标函数的最优值，如表 6.7 所示。

表 6.7　各个单目标函数的最优值

目标函数	minf_1/(万元/年)	minf_2	maxf_3/(100 km/min)	minf_4/h
取值	77.4979	0.0645	0.0654	14.3120

在得到上述数据的基础上，用 6.3.5 小节所介绍方法将多目标模型转化为单目标问题，确定各目标函数的最优权重并求解。经计算可知，满足充电可靠性的 6 种选址方案所对应的最优权重均为[0.1,0.1,0.1,0.7]，每种方案对应的最优配置方案目标函数 f 及相应的单目标函数 f_1、f_2、f_3 和 f_4 取值如表 6.8 所示。

表 6.8　不同候选方案最优规划结果

方案编号	充电站数	f_1/(万元/年)	f_2	f_3/(100 km/min)	f_4/h	f
1	5	110.9003	0.0889	0.0654	20.6222	1.1227
2	6	117.0722	0.1511	0.0648	25.3280	1.2658
3	7	131.1547	0.1698	0.0648	20.8573	1.2811
4	8	121.2507	0.1459	0.0625	25.8673	1.2923
5	9	148.7540	0.0912	0.0493	26.7133	1.4467
6	10	145.8766	0.1513	0.0609	25.0653	1.3535

本章所提规划模型具有较强的综合性，全面考虑了各个目标函数以及各目标函数之间的相互影响。因此，不同选址方案的最优规划方案相应的各目标函数值（表 6.8）不可能全部或大部分取表 6.7 中的最优值。

由表 6.8 第 7 列和图 6.10 可以明显看出，在最有效权重系数相同的情况下，方案 1 的目标函数值f最小，为最优方案。同时，由表 6.8 中第 3～6 列数据及图 6.11（a）～（d）亦可看出，按照方案 1 规划配置充电站时，建站成本与网损费用之和、系统电压稳定指标、用户得到的充电服务质量和排队时间的取值均优于其他方案。

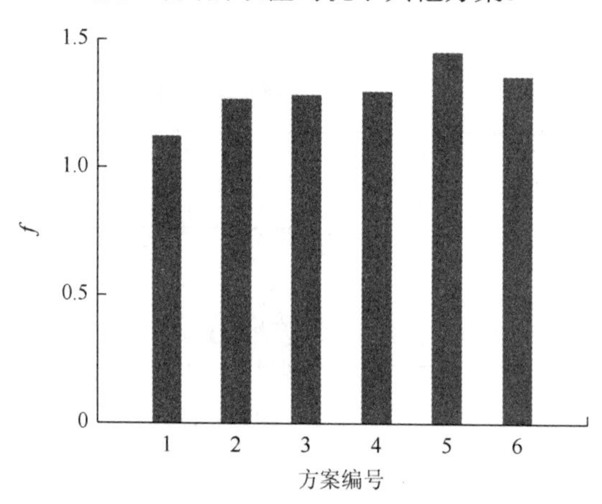

图 6.10　不同方案f值

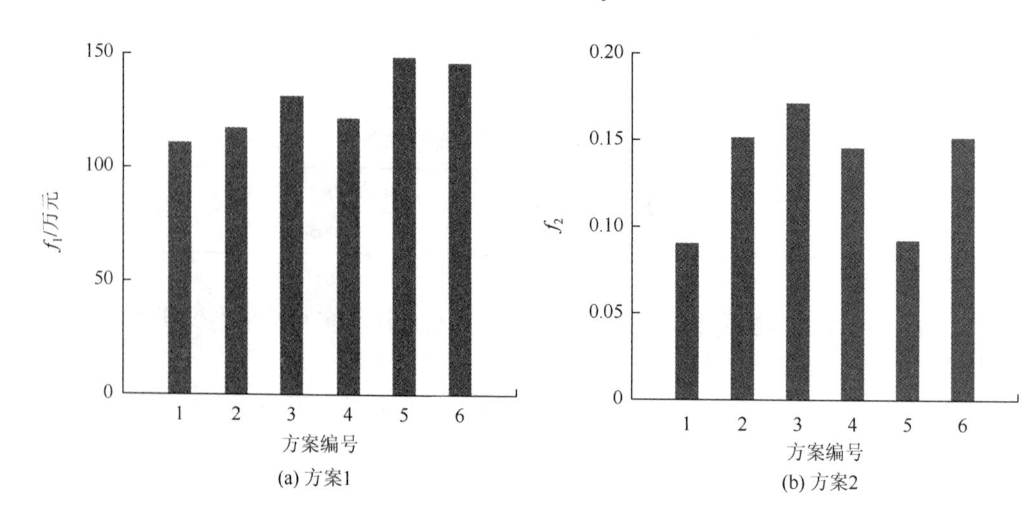

(a) 方案1

(b) 方案2

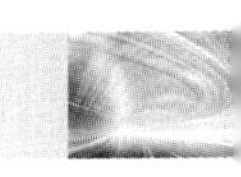

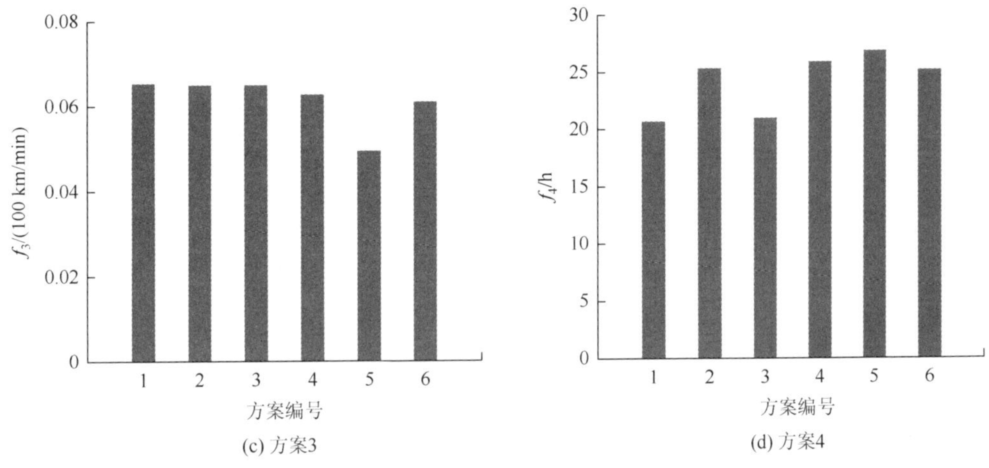

图 6.11　不同方案各单目标函数值

值得指出的是，系统的电压稳定指标 f_2 在方案 1 中取得最优值，这是由于该规划方案下充电站的接入节点原负荷较小造成的，原系统的电压稳定指标为 0.0996，按方案 1 规划时，电压稳定指标为 0.0889，已经优于原系统且远远小于极限值 1。系统的节点电压标幺值如图 6.12 所示，不难发现 16 号节点的电压偏差最大为 1.35%，小于所允许的最大偏差值 7%。因此，系统的电压稳定性远远满足要求。更重要的是，由表 6.9 可知，方案 1 在每个充电站配置的充电机功率均为最大值，所以用户得到的充电服务质量最好。

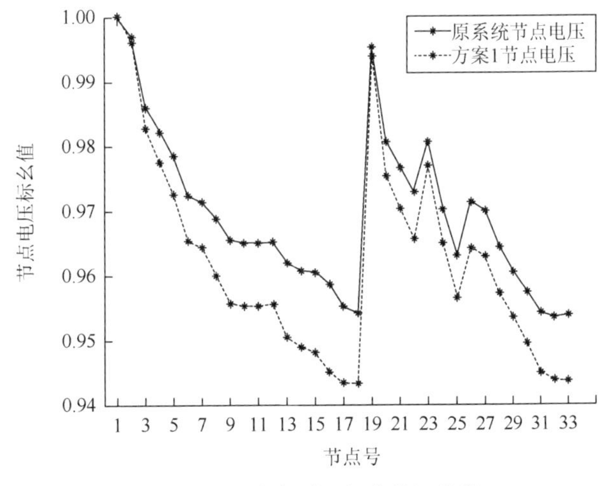

图 6.12　节点电压（标幺值）比较

表 6.9　最优规划方案结果

接入系统节点	2	5	9	13	16
充电机个数	6	6	3	1	8
充电机功率/kW	60	60	60	60	60
权重[α_d, β_d]	0.1 0.1 0.1 0.7				

续表

目标函数值 f	1.1227
f_1/万元	110.9003
f_2	0.0889
f_3/(100 km/min)	0.0654
f_4/h	20.6222

此外，为验证超效率 DEA 方法所确定权重系数的有效性，本章增加两组具有代表性的权重系数进行比较。第一组设为等值权重，即 0.25、0.25、0.25 和 0.25；第二组权重值带有一定的主观性，偏向于经济性最好，故设为 0.7、0.1、0.1 和 0.1。而按照上述两组权重进行规划得到的最优规划结果如表 6.10 所示，对比表 6.9 可见，按超效 DEA 的方法确定的权重系数 0.1、0.1、0.1 和 0.7 所得的规划结果具有明显的优越性。

表 6.10　部分代表性权重系数下的最优规划结果

接入系统节点	2	5	9	13	16	2	5	9	13	16
充电机个数	6	6	4	2	8	4	6	4	2	4
充电机功率/kW	60	60	30	40	60	60	30	30	40	60
权重[$\boldsymbol{\alpha}_d$，$\boldsymbol{\beta}_d$]	0.25 0.25 0.25 0.25					0.7 0.1 0.1 0.1				
目标函数值 f	1.4132					1.3290				
f_1/万元	115.0201					91.4544				
f_2	0.0813					0.0793				
f_3/(100 km/min)	0.0507					0.0505				
f_4/h	25.2015					35.8515				

综上所述，规划方案 1 为最优配置方案具有可靠的理论依据。

充电站最优规划方案在待规划区域的地理分布示意图如图 6.13 所示，选址坐标如表 6.11 所示。

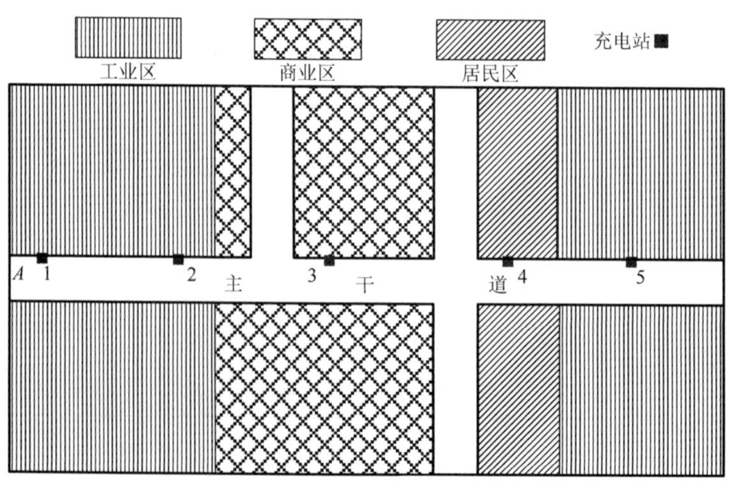

图 6.13　最优方案选址示意图

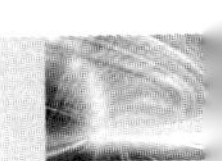

表 6.11　最优规划方案选址坐标

充电站编号	1	2	3	4	5
充电站距点 A 距离/km	2.94	20.52	38.22	60.84	66.54

6.5 本章小结

本章综合考虑充电站作为用电设施和公共服务设施两方面属性，搭建充电站规划多目标优化模型。该模型除考虑充电站建设和系统运行的经济性以及电网供电质量外，还兼顾用户充电的高质和便利性。采用超效率 DEA 评价方法确定各目标权重，把多目标问题转化为单目标问题，并运用 DAPSO 算法求解。

算例的仿真结果显示，采用本章方法所得充电站规划方案在满足充电可靠性的前提下，使用户得到了高质量的充电服务和较短的排队时间，且对配电网运行的稳定性、经济性和电能质量影响最小。

参 考 文 献

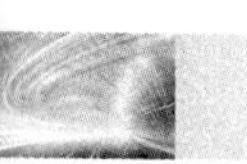

[1] SOROUDI A，EHSAN M. A distribution network expansion planning model considering distributed generation options and techo-economical issues[J]. Energy，2010，35（8）：3364-3374.

[2] 王成山，陈恺，谢莹华，等. 配电网扩展规划中分布式电源的选址和定容[J]. 电力系统自动化，2006，30（3）：38-43.

[3] 徐玉琴，李雪冬，张继刚，等. 考虑分布式发电的配电网规划问题的研究[J]. 电力系统保护与控制，2011，39（1）：87-117.

[4] 朱勇，杨京燕，张冬清. 基于有功网损最优的分布式电源规划[J]. 电力系统保护与控制，2011，39（21）：12-16.

[5] 戴朝华. 计及 DG 时基于群体智能与复杂系统理论的配网多目标综合运行优化问题研究[J]. 学术动态，2010（2）：3-10.

[6] 常光旗. 智能配电网的运行与管理[J]. 湖南水利水电，2011（5）：73-74.

[7] 余贻鑫. 智能电网的技术组成和实现顺序[J]. 南方电网技术，2009，3（2）：1-6.

[8] 王成山，王守相. 分布式发电供能系统若干问题研究[J]. 电力系统自动化，2008，32（20）：1-5.

[9] WANG C S，NEHRIR M H. Analytical approaches for optimal placement of distributed generation sources in power systems[J]. IEEE Transactions on Power Systems，2004，19（4）：2068-2076.

[10] AKOREDE M F，HIZAM H，ARIS I，et al. Effective method for optimal allocation of distributed generation units in meshed electric power systems[J]. IET Generation，Transmission & Distribution，2011，5（2）：276-287.

[11] ATWA Y M，EL-SAADANY E F，SALAMA M M A，et al. Optimal renewable resources mix for distribution system energy loss minimization[J]. IEEE Transactions on Power Systems，2010，25（1）：360-370.

[12] 刘波，张焰，杨娜. 改进的粒子群优化算法在分布式电源选址和定容中的应用[J]. 电工技术学报，2008，23（2）：103-108.

[13] 张立梅，唐巍，赵云军，等. 分布式发电接入配电网后对系统电压及损耗的影响分析[J]. 电力系统保护与控制，2011，39（5）：91-101.

[14] MORADI M H，ABEDINI M. A combination of genetic algorithm and particle swarm optimization for optimal DG location and sizing in distribution systems[J]. International Journal of Electrical Power & Energy Systems，2012，34（1）：66-74.

[15] 郑漳华，艾芊，顾承红，等. 考虑环境因素的分布式发电多目标优化配置[J]. 中国电机工程学报，2009，29（13）：23-28.

[16] GRIFFIN T，TOMSOVIC K，SECREST D，et al. Placement of dispersed generation systems for reduced losses[C]. Proceedings of the 33rd Annual Hawaii International Conference on System Sciences，2000：104-112.

[17] 赵晶晶，符杨，李东东. 考虑双馈电机风电场无功调节能力的配电网无功优化[J]. 电力系统自动化，2011，35（11）：33-38.

[18] 王守相，王慧，蔡声霞. 分布式发电优化配置研究综述[J]. 电力系统自动化，2009，33（18）：110-115.

[19] 韦钢，吴伟力，胡丹云，等. 分布式电源及其并网时对电网的影响[J]. 高电压技术，2007，33（1）：36-40.

[20] 中华人民共和国国家质量监督检验检疫总局，中国国家标准化管理委员会.电能质量　电力系统频率偏差：GB/T 15945—2008 [M].北京：中国标准出版社，2008.

[21] 张步涵，曾杰，毛承雄，等. 电池储能系统在改善并网风电场电能质量和稳定性中的应用[J]. 电网技术，2006，30（15）：54-58.

[22] 梁亮，李建林，惠东. 大型风电场用储能装置容量的优化配置[J]. 高电压技术，2011，37（4）：930-936.

[23] 石嘉川，刘玉田. 计及分布式发电的配电网多目标电压优化控制[J]. 电力系统自动化，2007，31（13）：47-51.

[24] 史常凯，徐斌，孟晓丽，等. 智能配电网条件下的网络重构与供电恢复探讨[J]. 电力建设，2012，33（1）：12-16.

[25] 黄安平，蒋金良. 考虑分布式发电的无功电压优化控制研究[J]. 华东电力，2010，38（8）：1231-1236.

[26] 王瑞，林飞，游小杰，等. 基于遗传算法的分布式发电系统无功优化控制策略研究[J]. 金属世界，2008（5）：43-46.

[27] 王志群，朱守真，周双喜，等. 分布式发电对配电网电压分布的影响[J]. 电力系统自动化，2004，28（16）：56-60.

[28] 王兆宇. 微电网及智能配电网的能量管理与故障恢复[D]. 上海：上海交通大学，2012.

[29] 王新刚，艾芊，徐伟华，等. 含分布式发电的微电网能量管理多目标优化[J]. 电力系统保护与控制，2009，37（20）：79-83.

[30] 陈海焱，陈金富，杨雄平，等. 配电网中计及短路电流约束的分布式发电规划[J]. 电力系统自动化，2006，30（21）：16-21.

[31] LEE S H，PARK J W. Selection of optimal location and size of multiple distributed generations by using Kalman filter algorithm[J]. IEEE Transactions on Power Systems，2009，24（3）：1393-1400.

[32] ABU-MOUTI F S，EL-HAWARY M E. A priority-ordered constrained search technique for optimal distributed generation allocation in radial distribution feeder systems[C]. Proceedings of the 23rd Canadian Conference on Electrical and Computer Engineering（CCECE），2010：1-7.

[33] 张勇，吴淳. 分布式发电机在配电网中的优化配置[J]. 电力系统保护与控制，2010，38（11）：33-37，43.

[34] 张节潭，程浩忠，姚良忠，等. 分布式风电源选址定容规划研究[J]. 中国电机工程学报，2009，29（16）：1-7.

[35] EL-KHATTAM W，HEGAZY Y G，SALAMA M M A. An integrated distributed generation optimization model for distribution system planning[J]. IEEE Transactions on Power Systems，2005，20（2）：1158-1165.

[36] WILLIAM R，ED N. Optimal placement of distributed generation[C]. Proceedings of the 14th Power System Computation Conference，2002.

[37] KHALESI N，REZAEI N，HAGHIFAM M R. DG allocation with application of dynamic programming for loss reduction and reliability improvement[J]. Electrical Power & Energy Systems，2011，33（2）：288-295.

[38] AYRES H M，FREITAS W，DE ALMEIDA M C，et al. Method for determining the maximum allowable penetration level of distributed generation without steady-state voltage violations[J]. IET Generation，Transmission & Distribution，2010，4（4）：495-508.

[39] KEANE A，O'MALLEY M. Optimal allocation of embedded generation on distribution networks[J]. IEEE Transactions on Power Systems，2005，20（3）：1640-1646.

[40] BINH P T T，QUOCNH，DUNG P Q，et al. Multi objective placement of distributed generation[C]. Proceedings of the 4th International Power Engineering and Optimization Conference（PEOCO），2010：484-489.

[41] 邱晓燕，夏莉丽，李兴源. 智能电网建设中分布式电源的规划[J]. 电网技术，2010，34（4）：7-10.

[42] SINGH D，VERMA K S. Multiobjective optimization for DG planning with load models[J]. IEEE Transactions on Power Systems，2009，24（1）：427-436.

[43] ABOU EL-ELA A A，ALLAM S M，SHATLA M M. Maximal optimal benefits of distributed generation using genetic algorithms[J]. Electric Power Systems Research，2010，80（7）：869-877.

[44] 叶萌，刘文霞，张鑫. 考虑电压质量的分布式电源选址定容[J]. 现代电力，2010，27（4）：30-34.

[45] ALY A I，HEGAZY Y G，ALSHARKAWY M A. A simulated annealing algorithm for multi-objective distributed generation planning[C]. Proceedings of the IEEE Power and Energy Society General Meeting，2010：1-7.

[46] 崔弘，郭熠昀，夏成军. 考虑环境效益的分布式电源优化配置研究[J]. 华东电力，2010，38（12）：1968-1971.

[47] JAHANI R，NEJAD H C，ARASKALAEI A H，et al. Optimal distributed generation location in radial distribution systems using a new heuristic method[J]. Australian Journal of Biological Sciences，2011，5（7）：612-621.

[48] BARIN A，POZZATTI L F，CANHA L N，et al. Multi-objective analysis of impacts of distributed generation placement on the operational characteristics of networks for distribution system planning[J]. International Journal of Electrical Power & Energy Systems，2010，32（10）：1157-1164.

[49] KAYA T，KAHRAMAN C. Multicriteria renewable energy planning using an integrated fuzzy VIKOR & AHP methodology：The case of Istanbul[J]. Energy，2010，35（6）：2517-2527.

[50] OCHOA L F，PADILHA-FELTRIN A，HARRISON G P. Evaluating distributed generation impacts with a multiobjective index[J]. IEEE Transactions on Power Delivery，2006，21（3）：1452-1458.

[51] KORNELAKIS A. Multiobjective particle swarm optimization for the optimal design of photovoltaic grid-connected systems[J]. Solar Energy，2010，84（12）：2022-2033.

[52] PHONRATTANASAK P. Optimal placement of DG using multiobjective particle swarm optimization[C]. Proceedings of the 2nd International Conference on Mechanical and Electrical Technology（ICMET），2010：342-346.

[53] WANG L F，SINGH C. Multicriteria design of hybrid power generation systems based on a modified particle swarm optimization algorithm[J]. IEEE Transactions on Energy Conversion，2009，24（1）：163-172.

[54] ZANGENEH A，JADID S，RAHIMI-KIAN A. A fuzzy environmental-technical-economic model for distributed generation planning[J]. Energy，2011，36（5）：3437-3445.

[55] KATSIGIANNIS Y A，GEORGILAKIS P S，KARAPIDAKIS E S. Multiobjective genetic algorithm solution to the optimum economic and environmental performance problem of small autonomous hybrid power systems with renewables[J]. IET Renewable Power Generation，2010，4（5）：404-419.

[56] 谢石骁，杨莉，李丽娜. 基于机会约束规划的混合储能优化配置方法[J]. 电网技术，2012，36（5）：79-84.

[57] ISE T，KITA M，TAGUCHI A. A hybrid energy storage with a SMES and secondary battery[J]. IEEE Transactions on Applied Superconductivity，2005，15（2）：1915-1918.

[58] DOUGAL R A，LIU S，WHITE R E. Power and life extension of battery-ultracapacitor hybrids[J]. IEEE Transactions on Components and Packaging Technologies，2002，25（1）：120-131.

[59] 张国驹，唐西胜，齐智平. 超级电容器与蓄电池混合储能系统在微网中的应用[J]. 电力系统自动化，2010，34（12）：85-89.

[60] 丁明，林根德，陈自年，等. 一种适用于混合储能系统的控制策略[J]. 中国电机工程学报，2012，32（7）：1-6，184.

[61] 吴红斌，陈斌，郭彩云. 风光互补发电系统中混合储能单元的容量优化[J]. 农业工程学报，2011，27（4）：241-245.

[62] ABBEY C，STRUNZ K，JOOS G. A knowledge-based approach for control of two-level energy storage for wind energy systems[J]. IEEE Transactions on Energy Conversion，2009，24（2）：539-547.

[63] 万乐. 风电场储能装置容量及最大充放电功率的确定[J]. 江西电力职业技术学院学报，2012，25（2）：17-20.

[64] 王辉. 含分布式电源的配电网络重构研究[D]. 湖南：湖南大学，2012.

[65] DE OLIVEIRA M E，OCHOA L F，PADILHA-FELTRIN A，et al. Network reconfiguration and loss allocation for distribution systems with distributed generation[C]. Proceedings of the IEEE/PES Transmission and Distribution Conference and Exposition：Latin America，2004：206-211.

[66] OLAMAEI J，GHAREHPETIAN G，NIKNAM T. An approach based on particle swarm optimization for distribution feeder reconfiguration considering distributed generators[C]. Power Systems Conference：Advanced Metering，Protection，Control，Communication，and Distributed Resources，2007：326-330.

[67] 景乾明，邹必昌，应若冰，等. 含分布式发电以综合费用最低为目标的配电网重构[J]. 中国农村水利水电，2011（9）：130-133.

[68] 邹必昌，李涛，唐陶波. 含分布式发电以提高供电电压质量为目的的配电网重构研究[J]. 电气应用，2011（12）：23-26.

[69] 邹必昌，许可，李涛，等. 基于负荷平衡的含分布式发电配电网重构研究[J]. 陕西电力，2011，39（7）：5-8.

[70] 邹必昌，刘晔，李涛，等. 含分布式发电的配电网重构蚁群算法研究[J]. 陕西电力，2011，39（9）：14-18.

[71] 代江. 分布式电源优化配置与配电网络重构研究[D]. 重庆：重庆大学，2011.

[72] CHANG R F，CHEN S J，CHANG Y C，et al. Modified particle swarm optimization for solving distribution feeder reconfiguration problem with distributed generation[C]. Proceedings of the IEEE Region 10 Conference，2010：1796-1801.

[73] 徐玉琴，张丽，王增平，等. 基于多智能体遗传算法并考虑分布式电源的配电网大面积断电供电恢复算法[J]. 电工技术学报，2010，25（4）：135-141.

[74] YU X D，JIA H J，WANG C S，et al. Network reconfiguration for distribution system with micro-grids[C]. Proceedings of the 1st Supergen Conference，2009.

[75] 万强，孙昊，王乾，等. 基于合作型协同进化遗传算法分布式发电供电恢复[J]. 四川电力技术，2012，35（3）：23-26，35.

[76] 卢志刚，董玉香. 含分布式电源的配电网故障恢复策略[J]. 电力系统自动化，2007，31（1）：89-92.

[77] 易新，陆于平. 分布式发电条件下的配电网孤岛划分算法[J]. 电网技术，2006，30（7）：50-54.

[78] 安有为. 基于自适应多种群遗传算法的分布式发电多目标故障恢复[J]. 信息系统工程，2010，（11）：38-42.

[79] 刘佳，李丹，高立群，等. 多目标无功优化的向量评价自适应粒子群算法[J]. 2008，28（31）：22-28.

[80] 娄素华，吴耀武，熊信银. 基于适应度空间距离评估选取的多目标粒子群算法在电网无功优化中的应用[J]. 电网技术，2007，31（19）：41-46.

[81] 段献忠，李智欢，李银红. 采用多局部搜索策略的无功优化多模因算法[J]. 中国电机工程学报，2008，28（34）：59-65.

[82] 刘述奎，李奇，陈维荣，等. 改进粒子群优化算法在电力系统多目标无功优化中应用[J]. 电力自动化设备，2009，29（11）：31-36.

[83] 张丽，徐玉琴，王增平，等. 包含分布式电源的配电网无功优化[J]. 电工技术学报，2011，26（3）：168-173.

[84] 何禹清，彭建春，毛丽林，等. 含多个风电机组的配电网无功优化[J]. 电力系统自动化，2010，34（19）：37-41.

[85] MARTINEZ-ROJAS M，SUMPER A，GOMIS-BELLMUNT O，et al. Reactive power dispatch in wind farms using particle swarm optimization technique and feasible solutions search[J]. Applied Energy，2011，88（12）：4678-4686.

[86] 张长胜. 含分布式电源的配电网无功补偿优化配置[D]. 天津：天津大学，2010.

[87] 陈琳，钟金，倪以信，等. 含分布式发电的配电网无功优化[J]. 电力系统自动化，2006，30（14）：20-24.

[88] WANG X H，ZHANG Y M. Multi-objective reactive power optimization based on the fuzzy adaptive particle swarm algorithm[J]. Procedia Engineering，2011，16：230-238.

[89] MALEKPOUR A R，TABATABAEI S，NIKNAM T. Probabilistic approach to multi-objective Volt/Var control of distribution system considering hybrid fuel cell and wind energy sources using improved shuffled frog leaping algorithm[J]. Renewable Energy，2012，39（1）：228-240.

[90] NIKNAM T. A new HBMO algorithm for multiobjective daily Volt/Var control in distribution systems considering distributed generators[J]. Applied Energy，2011，88（3）：778-788.

[91] 魏希文，邱晓燕，李兴源，等. 含风电场的电网多目标无功优化[J]. 电力系统保护与控制，2010，38（17）：107-111.

[92] ALONSO M，AMARIS H，ALVAREZ-ORTEGA C. A multiobjective approach for reactive power planning in networks with wind power generation[J]. Renewable Energy，2012，37（1）：180-191.

[93] 陈海焱，陈金富，段献忠. 含风电机组的配网无功优化[J]. 中国电机工程学报，2008，28（7）：40-45.

[94] ALONSO M O，AMARIS H，CHINDRIS M. A multiobjective Var/Volt management system in smartgrids[J]. Energy Procedia，2012，14：1490-1495.

[95] 赵亮，吕剑虹. 基于改进遗传算法的风电场多目标无功优化[J]. 电力自动化设备，2010，30（10）：84-88.

[96] 杨佩佩，艾欣，崔明勇，等. 基于粒子群优化算法的含多种供能系统的微网经济运行分析[J]. 电网技术，2009，33（20）：38-42.

[97] BAGHERIAN A，TAFRESHI S M M. A developed energy management system for a microgrid in the competitive electricity market[C]. Proceedings of the IEEE Bucharest PowerTech，2009：1-6.

[98] 郭力，王守相，许东，等. 冷电联供分布式供能系统的经济运行分析[J]. 电力系统及其自动化学报，2009，21（5）：8-12.

[99] 丁明，包敏，吴红斌，等. 复合能源分布式发电系统的机组组合问题[J]. 电力系统自动化，2008，32（6）：46-50.

[100] WANG J J，JING Y Y，ZHANG C F. Optimization of capacity and operation for CCHP system by genetic algorithm[J]. Applied Energy，2010，87（4），1325-1335.

[101] 艾欣，崔明勇，雷之力. 基于混沌蚁群算法的微网环保经济调度[J]. 华北电力大学学报（自然科学版），2009，36（5）：1-6.

[102] 公茂果，焦李成，杨咚咚，等. 进化多目标优化算法研究[J]. 软件学报，2009，20（2）：271-289.

[103] CARTER S. Emissions from distributed generation[EB/OL].（2000-04-20）[2020-05-16]. http://www. distributed- generation. com/library/emissions. pdf.

[104] 张勇军，任震，李邦峰. 电力系统无功优化调度研究综述[J]. 电网技术，2005，29（2）：50-56.

[105] REYES-SIERRA M，COELLO C A C. Multi-objective particle swarm optimizers：A survey of the state-of-the-art[J]. International Journal of Computational Intelligence Research，2006，2（3）：287-308.

[106] DEB K. Multi-objective optimization using evolutionary algorithms[M]. New York：Wiley Interscience，2001.

[107] 邱威，张建华，刘念. 自适应多目标差分进化算法在计及电压稳定性的无功优化中的应用[J]. 电网技术，2011，35（8）：

81-87.

[108] 胡彩娥. 考虑静态电压稳定裕度的多目标电压-无功规划[D]. 北京：中国农业大学，2004.

[109] 李鑫滨，朱庆军. 一种改进粒子群优化算法在多目标无功优化中的应用[J]. 电工技术学报，2010，25（7）：137-143.

[110] 熊宁，陈恳，戴伟华. 基于禁忌算法的多目标无功优化[J]. 继电器，2006，34（24）：21-25，32.

[111] 王勤，方鸽飞. 考虑电压稳定性的电力系统多目标无功优化[J]. 电力系统自动化，1999，23（3）：31-34.

[112] 宋军英，刘涤尘，陈允平. 电力系统模糊无功优化的建模及算法[J]. 电网技术，2001，25（3）：22-25.

[113] ZHANG W，LIU Y T. Multi-objective reactive power and voltage control based on fuzzy optimization strategy and fuzzy adaptive particle swarm[J]. International Journal of Electrical Power & Energy Systems，2008，30（9）：525-532.

[114] 陈得宇，张仁忠，沈继红，等. 基于适应性权重遗传算法的多目标无功优化研究[J]. 电力系统保护与控制，2010，38（6）：1-7，25.

[115] 夏可青，赵明奇，李扬. 用于多目标无功优化的自适应遗传算法[J]. 电网技术，2006，30（13）：55-60.

[116] GEN M，CHENG R W. Genetic algorithms and engineering optimization[M]. NewYork：Wiley Interscience，1999.

[117] LU Y L，ZHOU J Z，QIN H，et al. A hybrid multi-objective cultural algorithm for short-term environmental/economic hydrothermal scheduling[J]. Energy Conversion and Management，2011，52（5）：2121-2134.

[118] WANG X D，HIRSCH C，KANG S，et al. Multi-objective optimization of turbomachinery using improved NSGA-II and approximation model[J]. Computer Methods in Applied Mechanics and Engineering，2011，200（9-12）：883-895.

[119] 徐鸣. 基于群智能的鲁棒多目标优化方法及应用[D]. 杭州：浙江大学，2012.

[120] ANTUNES C H，PIRES D F，BARRICO C，et al. A multi-objective evolutionary algorithm for reactive power compensation in distribution networks[J]. Applied Energy，2009，86（7-8）：977-984.

[121] ALARCON-RODRIGUEZ A，AULT G，GALLOWAY S. Multi-objective planning of distributed energy resources：A review of the state-of-the-art[J]. Renewable and Sustainable Energy Reviews，2010，14（5）：1353-1366.

[122] 黄平. 粒子群算法改进及其在电力系统的应用[D]. 广州：华南理工大学，2012.

[123] 冯士刚，艾芊. 带精英策略的快速非支配排序遗传算法在多目标无功优化中的应用[J]. 电工技术学报，2007，22（12）：146-151.

[124] AZZAM M，MOUSA A A. Using genetic algorithm and TOPSIS technique for multiobjective reactive power compensation[J]. Electric Power Systems Research，2010，80（6）：675-681.

[125] JEYADEVI S，BASKAR S，BABULAL C K，et al. Solving multiobjective optimal reactive power dispatch using modified NSGA-II[J]. International Journal of Electrical Power & Energy Systems，2011，33（2）：219-228.

[126] LI F R，PILGRIM J D，DABEEDIN C，et al. Genetic algorithms for optimal reactive power compensation on the national grid system[J]. IEEE Transactions on Power Systems，2005，20（1）：493-500.

[127] LI Z H，LI Y H，DUAN X Z. Non-dominated sorting genetic algorithm-II for robust multi-objective optimal reactive power dispatch[J]. IET Generation，Transmission & Distribution，2010，4（9），1000-1008.

[128] ABIDO M A，BAKHASHWAIN J M. Optimal VAR dispatch using a multiobjective evolutionary algorithm[J]. International Journal of Electrical Power & Energy Systems，2005，27（1）：13-20.

[129] DE SOUZA B A，DE ALMEIDA A M F. Multiobjective optimization and fuzzy logic applied to planning of the Volt/Var problem in distributions systems[J]. IEEE Transactions on Power Systems，2010，25（3）：1274-1281.

[130] 刘述奎，陈维荣，李奇，等. 基于自适应聚焦粒子群优化算法的电力系统多目标无功优化[J]. 电网技术，2009，33（13）：48-53.

[131] 王云，张伏生，陈建斌，等. 电力系统多目标无功优化研究[J]. 西安交通大学学报，2008，42（2）：213-217.

[132] MOSTAGHIM S，TEICH J. The role of ε-dominance in multi-objective particle swarm optimization methods[C]. Proceedings of the IEEE Swarm Intelligence Symposium，2003.

[133] 熊虎岗，程浩忠，胡泽春，等. 基于混沌免疫混合算法的多目标无功优化[J]. 电网技术，2007，31（11）：33-37.

[134] ZHANG J Q，LIU K，TAN Y，et al. Random black hole particle swarm optimization and its application[C]. Proceedings of the Neural Networks and Signal Processing，2008：359-365.

[135] ZITZLER E，DEB K，THIELE L. Comparison of multiobjective evolutionary algorithms：Empirical results[J]. Evolutionary Computation，2000，8（2）：173-195.

[136] 韩宵松. 快速群智能优化算法的研究[D]. 长春：吉林大学，2012.

[137] 冯春时. 群智能优化算法及其应用[D]. 合肥：中国科学技术大学，2009.

[138] JACQUELINE M，RICHARD C. Application of particle swarm to multiobjective optimization[R]. Department of Computer Science and Software Engineering，1999.

[139] LAUMANNS M，THIELE L，DEB K，et al. Combining convergence and diversity in evolutionary multiobjective optimization[J]. Evolutionary Computation，2002，10（3）：263-282.

[140] SIERRA M，COELL C. Improving PSO-based multi-objective optimization using crowding，mutation and ε-dominance[C]. Proceedings of the Evolutionary Multi-Criterion Optimization，2005.

[141] LI X D. Better spread and convergence：Particle swarm multi-objective optimization using the maximin fitness function[C]. Proceedings of the Genetic and Evolutionary Computation Conference，2004：117-128.

[142] 黄平，于金杨，元泳泉. 一种改进的小生境多目标粒子群优化算法[J]. 计算机工程，2011，37（18）：1-3.

[143] 贾树晋，杜斌，岳恒. 基于局部搜索与混合多样性策略的多目标粒子群算法[J]. 控制与决策，2012，27（6）：813-818，826.

[144] 丛琳，焦李成，沙宇恒. 正交免疫克隆粒子群多目标优化算法[J]. 电子与信息学报，2008，30（10）：2320-2324.

[145] DEB K，PRATAP A，AGARWAL S，et al. A fast and elitist multiobjective genetic algorithm：NSGA-II[J]. IEEE Transactions on Evolutionary Computation，2002，6（2）：182-197.

[146] 施展，陈庆伟. 基于 QPSO 和拥挤距离排序的多目标量子粒子群优化算法[J]. 控制与决策，2011，26（4）：540-547.

[147] MAHFOUF M，CHEN M Y，LINKENS D A. Adaptive weighted particle swarm optimisation for multi-objective optimal design of alloy steels[C]. Proceedings of the International Conference on Parallel Problem Solving from Nature，2004：762-771.

[148] 陈民铀，张聪誉，罗辞勇. 自适应进化多目标粒子群优化算法[J]. 2009，24（12）：1851-1855，1864.

[149] LI X D. A non-dominated sorting particle swarm optimizer for multiobjective optimization[C]. Proceedings of the Genetic and Evolutionary Computation Conference（GECCO），2003：37-48.

[150] SALAZAR-LECHUGA M，ROWE J E. Particle swarm optimization and fitness sharing to solve multi-objective optimization problems[C]. Proceedings of the Evolutionary Computation，2005：1204-1211.

[151] HO S L，YANG S Y，NI G Z，et al. A particle swarm optimization-based method for multiobjective design optimizations[J]. IEEE Transactions on Magnetics，2005，41（5）：1756-1759.

[152] COELLO C A C，VELOHUIZEN D A V，LAMONT G B. Evolutionary algorithms for solving multi-objective problems [M]. New York：Kluwer Academic Publishers，2002.

[153] ZHANG L H，HU S. A new approach to improve particle swarm optimization[J]. Lecture Notes in Computer Science，2003，2723：134-139.

[154] FUQUA W C，WINANS S C，GREENBERG E P. Quorum sensing in bacteria：The LuxR-LuxI family of cell density responsive transcriptional regulators[J]. Journal of Bacteriology，1994，176（2）：269-275.

[155] EBERHARD A. Inhibition and activation of bacterial luciferase synthesis[J]. Journal of Bacteriology，1972，109（3）：1101-1105.

[156] NEALSON K H，PLATT T，HASTINGS J W. Cellular control of the synthesis and activity of the bacterial luminescent system[J]. Journal of Bacteriology，1970，104（1）：313-322.

[157] HUBAND S，HINGSTON P，BARONE L，et al. A review of multiobjective test problems and a scalable test problem toolkit[J]. IEEE Transactions on Evolutionary Computation，2006，10（5）：477-506.

[158] COELLO C A C，PULIDO G T，LECHUGA M S. Handling multiple objectives with particle swarm optimization[J]. IEEE Transactions on Evolutionary Computation，2004，8（3）：256-279.

[159] 王瑞琪，张承慧，李珂. 基于改进混沌优化的多目标遗传算法[J]. 控制与决策，2011，26（9）：1391-1397.

[160] 吴亚丽，徐丽青. 一种基于粒子群算法的改进多目标文化算法[J]. 控制与决策，2012，27（8）：1127-1132.

[161] HOFF T，SHUGAR D S. The value of grid support photovoltaic in reducing distribution system losse[J]. IEEE Transactions on Energy Conversion，1995，10（3）：569-576.

[162] RAMAKUMAR R，BUTLER N G，RODRIGUEZ A P，et al. Economic aspects of advanced energy technologies[J]. Proceedings of the IEEE，1993，81（3）：318-332.

[163] 钱科军，袁越，石晓丹，等. 分布式发电的环境效益分析[J]. 中国电机工程学报，2008，28（29）：11-15.

[164] POPOVIC D H，GREATBANKS J A，BEGOVIC M，et al. Placement of distributed generators and reclosers for distribution network security and reliability[J]. International Journal of Electrical Power & Energy Systems，2005，27（5-6）：398-408.

[165] CHAKRAVORTY M，DAS D. Voltage stability analysis of radial distribution networks[J]. International Journal of Electrical Power & Energy Systems，2001，23（2）：129-135.

[166] 刘健，毕鹏翔，董海鹏. 复杂配电网简化分析与优化[M]. 北京：中国电力出版社，2002.

[167] 杨咚咚，焦李成，公茂果，等. 求解偏好多目标优化的克隆选择算法[J]. 软件学报，2010，21（1）：14-33.

[168] 李晶，王素华，谷彩连. 基于遗传算法的含分布式发电的配电网无功优化控制研究[J]. 电力系统保护与控制，2010，38（6）：60-63.

[169] CELLI G，GHIANI E，MOCCI S，et al. A multiobjective evolutionary algorithm for the sizing and siting of distributed generation[J]. IEEE Transactions on Power Systems，2005，20（2）：750-757.

[170] KUMAR K V，SELVAN M P. Planning and operation of distributed generations in distribution systems for improved voltage profile[C]. Proceedings of the IEEE/PES 2009 Power Systems Conference and Exposition，2009：1-7.

[171] PARIZAD A，KHAZALI A，KALANTAR M. Optimal placement of distributed generation with sensitivity factors considering voltage stability and losses indices[C]. Proceedings of the 18th Iranian Conference Electrical Engineering，2010：848-855.

[172] BARAN M E，WU F F. Network reconfiguration in distribution systems for loss reduction and load balancing[J]. IEEE Power Engergy Revision，1989，9（4）：101-102.

[173] WANG L，YEH T H，LEE W J，et al. Benefit evaluation of wind turbine generators in wind farms using capacity-factor analysis and economic-cost methods[J]. IEEE Transactions on Power Systems，2009，24（2）：692-704.

[174] IEA. World Energy Outlook（WEO）[R]. 2007.

[175] ZAHEDI A. Maximizing solar PV energy penetration using energy storage technology[J]. Renewable and Sustainable Energy Reviews，2011，15（1）：866-870.

[176] LUO C L，OOI B T. Frequency deviation of thermal power plants due to wind farms[J]. IEEE Transactions on Energy Conversion，2006，21（3）：708-716.

[177] 李国杰，唐志伟，聂宏展，等. 钒液流储能电池建模及其平抑风电波动研究[J]. 电力系统保护与控制，2010，38（22）：115-119，125.

[178] 唐志伟. 钒液流储能电池建模及其平抑风电波动研究[D]. 吉林：东北电力大学，2011.

[179] LI W，JOOS G，ABBEY C. Wind power impact on system frequency deviation and an ESS based power filtering algorithm solution[C]. Proceedings of the IEEE PES Power Systems Conference and Exposition，2006：2077-2084.

[180] 朱松燃，张勃然. 铅酸蓄电池技术[M]. 北京：机械工业出版社，1988.

[181] 李立伟，邹积岩. 蓄电池放电能量并网装置[J]. 电力系统自动化，2003，27（6）：80-83.

[182] ROSS M，HIDALGO R，ABBEY C，et al. Analysis of energy storage sizing and technologies[C]. IEEE Electric Power and Energy Conference（EPEC），2010：1-6.

[183] LI W，JOOS G. Performance comparison of aggregated and distributed energy storage systems in a wind farm for wind power fluctuation suppression[C]. Proceedings of the IEEE Power Engineering Society General Meeting，2007：1-6.

[184] LI H，CARTES D，STEURER M，et al. Control design of STATCOM with superconductive magnetic energy storage[J]. IEEE Transactions on Applied Superconductivity，2005，15（2）：1883-1886.

[185] 王虹富，曹军，邱家驹，等. 一种用于分布式发电系统的有功功率补偿模型[J]. 电力系统自动化，2009，33（8）：

94-98.

[186] IEEE Application Guide for IEEE Std 1547[S]. 2003.

[187] PSERC FINAL PROJECT REPORT. Evaluation of distributed electric energy storage and generation[R]. Wichita State University，1996.

[188] 黄志刚，李林川，杨理，等. 电力市场环境下的无功优化模型及其求解方法[J]. 中国电机工程学报，2003，23（12）：79-83.

[189] 张伯明，陈寿孙，严正. 高等电力网络分析[M]. 2 版. 北京：清华大学出版社，2007.

[190] CAI H，CHEN Q，GUAN Z J，et al. Day-ahead optimal charging/discharging scheduling for electric vehicles in microgrids[J]. Protection and Control of Modern Power Systems，2018，3（3）：93-107.

[191] LIU H，HUANG K，YANG Y，et al. Real-time vehicle-to-grid control for frequency regulation with high frequency regulating signal[J]. Protection and Control of Modern Power Systems，2018，3（3）：141-148.

[192] 段庆，孙云莲，张笑迪，等. 电动汽车充电桩选址定容方法[J]. 电力系统保护与控制，2017，45（12）：88-93.

[193] 丁丹军，戴康，张新松，等. 基于模糊多目标优化的电动汽车充电网络规划[J]. 电力系统保护与控制，2018，46（3）：43-50.

[194] 葛少云，李荣，韩俊，等. 考虑电动出租车随机概率行为特性的充电站规划[J]. 电力系统自动化，2016，40（4）：50-58.

[195] 王辉，王贵斌，赵俊华，等. 考虑交通网络流量的电动汽车充电站规划[J]. 电力系统自动化，2013，37（13）：63-69.

[196] DONG X H，MU Y F，JIA H J，et al. Planning of fast EV charging stations on a round freeway[J]. IEEE Transactions on Sustainable Energy，2016，7（4）：1452-1461.

[197] CHENG S，CHEN M Y，WAI R J，et al. Optimal placement of distributed generation units in distribution systems via an enhanced multi-objective particle swarm optimization algorithm[J]. Frontiers of Information Technology & Electronic Engineering，2014，15（4）：300-311.

[198] 董晓红，穆云飞，于力，等. 考虑配网潮流约束的高速公路快速充电站校正规划方法[J]. 电力自动化设备，2017，37（6）：124-131.

[199] 段豪翔，吕林，向月. 计及分时充电电价激励的电动汽车充电站与配电网协同规划[J]. 电力系统及其自动化学报，2017，29（1）：103-110.

[200] SHI L B，DING H L，Xu Z. Determination of weight coefficient for power system restoration[J]. IEEE Transactions on Power Systems，2012，27（2）：1140-1141.

[201] 李渊博，蒋铁铮，陈家俊. 采用超效率 DEA 的电动汽车充电站多目标规划[J]. 电源技术，2016，40（4）：849-851，860.

[202] CHENG S，HU G，QIN T Y. Application of quorum sensing to PSO and MOPSO for convergence promotion[C]. Proceedings of the Chinese Control and Decision Conference，2014：1106-1110.